木材時代の到来に向けて

大熊幹章

海青社

はじめに

私は平成9（1997）年3月に東京大学を定年になり、その後務めた九州大学を平成12（2000）年3月に2度目の定年になった。両大学退職後も種々木材関係の仕事をさせていただいてきた。そして、4年前に日本農学会会長を退任して、今日この頃は年金生活に明け暮れる、いわゆる「終わった人」である。昭和33（1958）年4月に東京大学農学部林産学科旧木材材料学第一教室に配属になってまさに木材に身を寄せて以来、実に60年の歳月が経過してしまった。

60年の長い間、木材・木質材料・木材利用に関する研究、教育、それに関わる仕事に携わってきたのであるが、講義が好きでない、学術書を読み込むことが苦手である私が果たして良い研究者、教育者であったか疑問に思う点が多々ある。私の場合、学会、協会を始め多くの企業、農林水産省、林野庁、建築関係との関り合いの中で多くの経験を積み、教えられることが多かった。

このような実社会との繋がりが自分の仕事の活力になっていたし、大学を離れた後にも仕事を与えられ、それをこなす原動力になっていたと思う。機会を与えていただいた関係各位に深く感謝するものである。

ところで今、生物資源である木材を基盤に置く持続的社会の実現が期待される中で、木材を科学する若い学生さん、特に博士課程生の減少が続いていると聞いている。材料学を専攻する学生さんの減少は、私も以前から気になっていたことである。

一方、第一生命が平成30（２０１８）年1月に発表した「大人になったらなりたいもの」調査結果では、男の子（小学6年生以下）の希望は、野球選手、サッカー選手を抜いて「学者、研究者」が15年ぶりに子供たちのトップに返り咲いたそうである。この話を聞いて私は大変うれしく思ったのであるが、少年たちの頭の中に、「学者、研究者」がどのような姿で描かれているのか気になった。テレビのドクターものドラマのヒーロー、ノーベル賞受賞者の輝かしい姿に限られているのではなかろうか。

以上のような流れの中で、木材というやや特殊な学術分野における一人の研究者、大学教官の姿として私の「木材研究者物語」をI章に示しておきたい。時代の流れにどのように反応し、その時々どのように考えたかなど幅広く記述した。

私は、昭和33（１９５５）年4月に東京大学林産学科に進学して以来、60年余を木材と向き合って生きてきたことになる。自分自身で書くのも気が引けるが、私のこの木材研究者人生は総じて充実した幸せなものであったと思っている。

この間、20世紀から21世紀へと時代は動き、木材と木材利用、木材産業を囲む情勢も新しい展開を見せている。そして化石資源、鉱物資源の枯渇が進み、地球環境の劣化が加速度的に広がってくる中、持続可能で環境共生型資源である木材の利用が今後、大きく進展する可能性を秘めていることは疑いないであろう。木材時代の到来が待たれる今日この頃である。

II章では、この60年間に私が取組んできた木材利用に関する研究成果についてその概要を記述する。前半では木質材料論を論じ、後半では環境保全と木材利用の関係等について述べる。9項目を取り上げたが、いずれも「木材を使って持続的、環境共生型社会を造る」ための基本となる事項と考える。

なお、本書は学術論文ではないことをお断りしておきたい。サイエンスエッセイ、随筆、随想のようなものとして気軽に読んでいただきたい。したがって引用文献、参考文献は一切掲載しなかった。

少し強引に持論を展開しているところがあり、気がかりを覚えるがお許し願いたい。ご質問、ご意見があればお寄せください。

この文章を読んだ若い方々が一人でも多く、「木材研究者」への道を歩み出していただければ望外の喜びである。

木材時代の到来に向けて

――目次

Ⅰ章　木材研究者への誘い——私の木材研究者物語

1節　木質材料学講座の誕生と私の研究

私の専門は木質材料学である。東京大学（以下、東大）には37年間在職し、木質材料学講座担当教授で定年を迎えた。本節ではこの木質材料学講座の歴史と、そこで行った私の「研究」について述べる。

木質材料学講座の誕生

私が進学し、卒業した東大農学部林産学科は、昭和32（1957）年に林学科から4講座をもって独立した歴史の浅い、小さい学科である。これに先立つ1年前、北海道大学で林産学科が独立しており、以後、全国の国立大学で林産学科の発進が続き、合計7国立大学に林産学科が誕生した。紙・パルプ産業、木材産業の進展が予測され、林産学科創設が社会から要請された今から思うと夢のような時代であった。

さらに昭和40年代に入り、東大林産学科では2講座の拡充が認められ、昭和44（1969）年にパルプ学・製紙学講座が設立し、次いで昭和45年、初代教授の故・北原覚一先生と元・森林総合研究所研究管理官（私が在籍していた当時の研究コーディネーター）の故・海老原徹助手のお二人をスタッフとして木質材料学講座が発足した。この時、その後宮崎県木材利用技術センター所長になる有馬孝禮氏と私は、助手として本家である平井信二教授が担当する木材物理学講座に所属していたが、後に新設講座、木質材料学講座へ移ることになっていた。

このときの2講座への人材振り分けは、木材の識別と樹木学に強い関心を持ち、平井先生から木材識別の免許皆伝を得た岡野健、三輪雄四郎両助手、相沢栄子さん（教務員）が平井先生の部屋に残り、私のような劣等生（この言葉を使うと有馬さんや海老原さんには申し訳ないけれど）が北原先生の部屋に行くことが当然の事として決まっていたようである。

私は昭和46（1971）年9月に3年間の契約でオーストラリアＣＳＩＲＯ建築研究所（Commonwealth Scientific and Industrial Research Organization, Division of Building Research）に招かれ、メルボルンへ渡った。なお、ＣＳＩＲＯでの生活については、後節で触れたい。翌47年5月のある朝、私の部屋に㈱イワクラから電話があり、北原先生が亡くなられたことを告げられた。私が出かけるときにすでに病を得ておられた北原先生から、この変革の時に長期にわたって教室を空けては困ると強く言われていたこともあって、3年契約ではあったが期間を短縮して帰らねばならないと思った。

発足したばかりの木質材料学教室が今後どのようになるのか不安を感じると同時に、新しい展開を思って心が騒いだことも事実である。私は帰国するとともに、新しく配当されたポストで助教授に採用された。

このようにして私は教授不在の新設木質材料学教室を実質的に動かして行く立場に立ったのであ

る。昭和47年7月、すでに36歳、助手生活12年が終了したところであった。先ず考えなければならないことは、北原先生の後任教授をどうするかということである。この事項についても後刻詳しく述べたいが、結果としては建築界から杉山英男先生をお呼びし、木質材料学講座の中に木質構造学（木造建築分野）を導入することになるのである。

木質材料学とは――私の進めてきた研究

材料と構造の分野で構成する木質材料学研究室で、私は材料分野を担当し、構造分野を脇から支えるという立場を取り続けてきたつもりである。すなわち、私は木材・木質材料の性質、特に強度的特性、耐久性能を明らかにし、その特性を最大限に生かすための製造・加工技術の開発と製品（材料）性能の調査測定を行うとともに、これら材料を住宅構造部材に適用する際の技術的課題の解明に関わる研究を行ってきた。さらにこれからの木材利用のあり方を地球環境保全の観点から考察して、その整合性を論じてきた。すなわち、これらの研究は大約次の5つの課題に整理される。

A 木質材料の物性、特に合板の強度的性質
B パーティクルボードの耐久性能
C 木質材料の製造技術の高度化、特に低質原料の有効利用のための新製品開発
D 木材・木質材料の木質構造（木造建築構造）への適用の合理化

E　地球環境保全と木材利用推進の整合性をCO_2問題から考察

これらの研究の基本は、木材・木質材料を「材料」として捉え、実際に住宅部材等として使う応用研究、実際に役立つ研究を目指すところにある。ところがこのような研究分野に対して当時は、「木を切ったり、貼ったり、トンカチで叩いたり、これは学問ではない、だから駒場から学生が来ないのだ」との学部や大学、いや学科内の化学分野の大先生からも批判を受けていたものである。その後、後任スタッフの努力により、東大弥生講堂・一条ホール／アネックスが建設され、さらに社会人を対象とする木造建築コースの設置とその隆盛等が功を奏し、このような放言を言わせない方向に向かっていると聞いている。

後年、私は多くの人たちから、また学生からも「先生の専門は何ですか？」と聞かれることが多かった。この質問は、当然、専門とする学術研究のことを聞かれているのである。そして返答に窮するのが常であった。一つは「木質材料学」という言葉が世間から未だ理解されておらず、内容の説明から始めないと分かってもらえないという煩わしさに戸惑うのである。

一方、このような質問を受けることは、専門性が明確ではない、いろいろなことに手を出し過ぎる、応用研究に集中していて学術研究らしきものをやっていない、という大学教官としてあるまじき姿を指弾されていると、自分で意識してしまうのである。確かに、「先生の専門は林産政治学ですか」と揶揄《やゆ》されることもあった。私は大学教官として研究と少し距離をおいた多くのことに手を出し過ぎていたのかもしれない。反省するところ大であるが、それは弱小球団、林産学科という組織を守りたい一念でもあった。

弁解がましくなってしまうが、それでも私は100を越す学術論文を公表したし、その中で初期に行った合板の強度を複合材の理論で解析した一連の論文は、学術的に高いレベルにあったと自負している。私はこの論文で昭和43(1968)年度木材学会賞を受賞した。なお、この論文の主要部分をⅡ章3節で解説する。

2節　私の大学教官生活

講義は苦手、でも本当は……

私は、昭和35(1960)年4月に東大木材材料学第一教室を卒業し、平井信二先生のお勧めで名古屋にある日本ハードボード工業(現・ニチハ)株式会社に就職したが、半年後に同教室助手に採用され、大学へ戻ることになった。当時助手をされていた鈴木寧先生が目黒にあった林業試験場(現・森林総合研究所)へ転出されたポストの穴埋めであった。このように偶然にも、私は大学教官という立場で木材と取組むことになったのである。それから40年間に及ぶ大学教官生活が続いた。以下に、私の大学教官生活について思いつくことを挙げてみる。

大学教官は、学生に講義をしなければならない。私は学生に対する講義が苦手であった。普通、先生方は時間をかけて講義のためのノートを作り、それに基づいて繰り返して講義を行うのであるから(もちろん新しい理論が出てきた場合や、社会情勢の変化に合わせてノートの作り変え、追加を行う)、年度を重ねるとともに講義の完成度は高まって行く。しかし、私は応用数学や材料力学のような基礎科目は仕方なくこのようなノート作りを少しはしたが、木質材料学のような講座の主要科目(九州大学では木質構造学も）については毎学期同じことを繰り返すのは苦痛であり、また準備をする律義さに欠けていたので、行き当たりばったりで気の向くままに進めた。

ただしそこには、大学教育で最も大切なことは、学生に自分でものごとを考える素地を与えることだという思いがあった。講義はモデルとしての教官自身の生き方、考え方、行動、体験を述べる機会として重要である。毎回の講義を学生さんがのめり込むような魅力あるものにできれば別であるが、小心者で自分の講義に自信がない私は彼らの反応を知るのが恐ろしく、真正面から顔を見て話をする勇気がなかなか出てこなかった。学生は私の話を喜んで聞いているわけではなく、単位を取るために仕方なく授業に出ているのであろう、との気持ちが先に立ってしまう。

そういう中でごくたまに、自分で凄く良いことを言っているな、との感を強く抱き、背中がゾクゾクし涙が出そうになることがある。自分で感動しているのである。他の世界でもこのようなことがあるかとも思うが、気心のしれた少人数の学生に、気兼ねなく自由に思うことが述べられ、しかもたまには感動まで得られる大学教官は良い職業だと言えよう。

大学の外で行われる種々の講演会等に呼ばれてお話をさせていただくことも多かったが、確かにこの場合は大いに気が入り、楽しく立ち向かう気持ちが出てきたものである。聴講者の方が学生に比べてはるかに熱心に耳を傾けてくれることが私を勇気付け、奮い立たせたのである。この基本には、大学人という行政や企業の方々に比べてはるかに自由にものが言える立場を十分に生かすことが自分の役割であるとの意識があった。そしてそのことを楽しく思ったのである。

「大熊先生のお手紙」

私は性格的に昔の先生のように学生に（学生以外の人にも）面と向かって小言を言ったり、大声を出したりすることができない。熱血教師になれなかったということでもある。卒論実験でまったくやる気のない学生も出てくる。学生、院生ばかりではなく、助手、卒業生等に注意を促したいとき、私はよく文章を書いて渡した。東大の一部の人には「大熊先生のお手紙」と言われていたようである。文章にすると時間的にズレは生じるが、冷静によく考えて筋道立ててものごとを指摘でき、こちらの思考を正しく伝えられる。例えば、学生や助手が外国に留学し、留学期間が過ぎても帰国しないことが度々あった。本人は軽く考えているのだが、後で本人はもとより教室や学科に大きな支障を生み出すことになる。カナダに大学院留学生として行っていたN君、オーストラリアに行っていたI助手などへ必死になって手紙を書いたことを思い出す。

そのうちこの文章を送ることが、学生に小言を言うことから自分の意見を世の中に主張することに展開して行き、大胆にも学外の方々、企業、行政、学会の方々に提案書の形で文章を送付することを試みるようになった。小沢普照林野庁長官（当時）宛てにCO_2問題の重要性、環境保全と木材利用の整合性について意見をお送りしたことを思い出す。突如届いた、名前もよく知らない大学助教授からの手紙に長官も驚かれたのではなかろうか。

木材関連企業のトップの方にもお願いの手紙を書いた。手紙を送付するとき、失礼ではないか、読

写真１　留学生を招いてホームパーティ
左端筆者。その隣が一条工務店 古沢 信氏。留学生は右からロシア、フィリピン、２人おいてマカオ、中国からの４人、後方は筆者 妻と娘。

んでいただけるか、対処していただけるか、などということが頭にないことはないが、手紙の結果よりも、自分の意見をその課題に最も的確で重要な方にぶっつけたことで自分が納得して心が平静になるのである。迷惑をお掛けした方々にこの場を借りてお詫び申し上げる。私は自分を小心者だと思っているが、その一方変に大胆なところもあることに気づいている。

留学生のこと

私の研究室には、比較的多くの留学生が集まり、国際色豊かな雰囲気が作り出され、良かったと思う（**写真１**）。研究の国際化、国際交流の活性化は時代の要請であり、留学生の役割は大きい。

北原先生の時代には、台湾からの留学生が多かった。台湾大学等の出身である陳嘉明さん、王松永さん、彭武財さんらは、私が助手になった頃の教室の古い仲間である。多くの方が卒業後主にアメリカ、カナダで活躍された。その後、中国、韓国からの留学生が多くなり、私の時代には、それに加えてインドネシア、タイ、フィリピン、アメリカ、ロシアなどアジアを中心に多くの人々が集まった。留学生を通してその国の生の情報を得られること、どの国に行っても世話をしてくれる懐かしい旧留学生がいることは、大学教官の特権であろう。現在では留学生の数が大学評価の対象にもなる。

しかし、留学生のために被る苦労も多い。フィリピンのL嬢には、帰国寸前になって帰りたくない、日本で就職したいので何とかしてくれ、と泣きを入れられて企業の方にご面倒をお掛けした。そんな留学生が何人かいる。禁止になった抗精神剤を本人は知らず持ち帰り、成田で1か月も拘束され、空港警察に身柄を引き取りに行ったこともある。日曜日に乾燥実験をやり、乾燥機が燃えだし、始末書を書いたこともある。大事に至らず本当に良かった。事務当局に日曜日に実験を行う理由を理解してもらうのが大変であった。中国と台湾の留学生がゼミの討論の中で政治的な論争を始め、どのようにして収めたのか思い出せない。お互いに政治的問題には踏み込まないという暗黙の共通認識があるのだが、あの時はどうしたのであろうか。国から奨学金を得ているものとまったくの私費留学生がおり、勉学条件の大きな格差がいつも気になった。

このように外国人を抱え込んだ教室をうまく運営して行くのは骨の折れることであった。助手の人たち、博士課程大学院生の力が頼みの綱である。いずれにせよ、教室運営のためのお金の問題、卒業資格の問題（単位不足）、就職問題、卒論の出来具合、等々危ない綱の上を渡っているような大学教官の毎日であった。

大学は個人商店

大学では、講座（研究室）という単位が系統的につながって学科、学部、大学院研究科、そして組織としての大学全体を構成している。講座は、ある学術分野をカバーし、通常では教授、助教授（現在では准教授）、助手（同助教）、学部学生、大学院生（博士課程、修士課程）、研究生等が構成メンバーとなっている。講座から大学へのつながりの中で、単位となる講座の運営方法、運営の方向は、かなり自由に舵を取ることができたように思う。

講座は教授の見識と個性によって作り上げられるファミリー的世界である。教授は自由な発想と発言を行えるが、その結果については全責任を取らねばならない。それはあたかも個人商店のようであった。教授は自分の店を自らの考えで経営するが、その店が繁盛するかどうかについては、全責任を取らねばならない。

具体的には、店を経営するための潤沢な資金すなわち研究費と、店を活発に動かす人材すなわち良い学生を集めることが大切で、そのために人とお金が集まるような経営方向を個人の才覚で自由に見出し、自由に経営を実行することができるし、そうすることが求められる。

後に私は、独立行政法人である森林総合研究所（現・国立研究開発法人 森林研究・整備機構森林総合研究所）理事長を務めることになるのだが、この独法研究機関は行政（国）の直接的管轄下にあり、大学にあるこの自由がかなり制約されているようで、戸惑いを感じたものである。学術の発展には、この自由が極めて重要であり、大学は今後も自由と責任が織りなす世界を維持して行くことを強く希望する。その一方で、大学の社会への影響力は行政と強く結びついている大きな組織である独法に比べてはるかに小さい。個人商店の力は総合商社のような独法研究機関のそれにはるかに及ばない。

北原覚一先生のことなど

大学時代、多くの優れた方々と親しくしていただき、ご指導、アドバイス、また種々のご協力を得られたことは私にとって幸運であった。そのような中で私の木材とともに生きる人生は希望を持って展開していった。ここで私の心に残る多くの方々の中から、特に4人の大学関係の方を挙げさせていただきたい。

私の考え方の基本は、やはり学生から助手の時代にかけて日常的にご指導を受けた旧材料第一教室の故・北原覚一先生にあるように思う。実際的、応用重視の考え、集中力の大切さを強く教えられた。大学では本を読むな、その時間があれば実験をせよ、先ず身体を動かすようにと言われた。今のコンピューター時代を先生はどのように言われるであろうか。結婚のご挨拶に伺ったときはお酒をしこたま飲まされ、研究者は夜も日曜日もないことを覚悟しなさい、と言われて家内はとんでもない人と結婚することになったと後悔したそうである。何だか私も若い人に同じようなことを言っていたように思える。

次は京都大学木材研究所(現・生存圏研究所)から秋田県立大学木材高度加工研究所(以下、秋田木高研)に行かれた故・佐々木光先生である。若い頃から専門が重なることもあって、佐々木先生に対して尊敬心と同時にライバル意識を強く持っていたようである。それは弟分としての親しみに通じるものであった。考えの到達するところは同じなのだが、そこに至る道筋が違うことが多く、よく議論させていただいた。例えば私はものごとをできるだけ単純化して直線的にことを進めて行くのだが、佐々木先生は得てして目的とは反対側から攻めて行く。このことは楽しいと同時にかなり厳しい議論に展開して行くことになる。佐々木先生にはオーストラリア・メルボルンのＣＳＩＲＯ建築研究所留学で大変お世話になり、それ以降も学会、協会、秋田木高研設立など多くの仕事でご一緒させていただいたが、ことを進める議論の中で多くの有益なご指示とアドバイスを受け、先生の学識の高さを教えられた。存在感の大きさに脱帽するのみであった。昨年この佐々木先生が亡くなられたことは私にとって大きなショックであり、我々の時代が終わったことを強く認識させられた。

岡野健先生(東大名誉教授)と富田文一郎先生(筑波大学名誉教授)のお二人には同僚として長い間お付き合いさせていただいている。東大林産学科や木材学会をどうすべきかとよく議論したものである。

岡野さんは私と違って、しっかりと筋が通った考えをする本当の学者肌の人である。私は朝令暮改、都合が悪ければすぐ考えを変えてしまい節操がないと非難されたものだが、彼は変更するには手続きが必要と言って絶対に譲らない。私がものを言えば必ず反対意見を述べるような感じである。そういう中で、お互いに一番頼りにしていたことも事実である。

富田さんは私の持っていない実行力と外向的性格の持ち主で、同じ血液型B型でウマが合い、二人で組んでいろいろなことを仕掛けてきたことが懐かしく思い出される。ガヤガヤ言っている陰で大変細やかな気遣いをされる人である。

彼ともずいぶん多くの議論をしてきたが、今ではすべて楽しい思い出である。私がお願いして東大から筑波大学へ移り定年を迎えられたが、化学系で木材加工技術協会会長を務め上げた人である。さらに木材サミット会長など広く活躍されていることをうれしく思う。

3節　オーストラリアＣＳＩＲＯ建築研究所へ留学

国際交流に取組む

私は英語があまり得意ではないので、どちらかと言えば外国行きはあまり好きでない。しかし、大学教官はいろいろと仕事を進める上で、国際交流に積極的に取組むことが求められる。私も外国で開かれる国際学会で研究発表を行ったり、海外の大学や研究所との共同研究や調査研究を実施したりするために、中国、タイ、ニュージーランドを中心に多くの国へ出かけていった。中国、インドネシア、タイへは当地の大学と姉妹校関係を締結する交渉に行ったし、ハルピンの東北林業大学では農学部を代表して締結の調印を行った。ブラジルのアマゾン地域にはＪＩＣＡの仕事で1か月滞在した。

平成2（1990）年、54歳の時には文部科学省の短期在外研究員という役が回ってきてロシア、フィンランド、北米西海岸を2か月間旅行させてもらった。これはかなりご苦労さん的な海外派遣であり、多くの知り合いの研究者や企業の方、懐かしい元留学生の方々に再会したり、大学、研究所を訪問したりする楽しい旅であった。しかし、フィンランドの物価は当時も高く、旅費は赤字であった。

ＣＳＩＲＯ建築研究所

そのような中で最も印象深いのは、やはり最初に海外生活を送ったオーストラリア・メルボルンのＣＳＩＲＯ建築研究所滞在であったと思う。

私の助手時代には、若いうちに国外に出て研究生活を送ることが大学教官の一つの義務であり、資格でもあるとの雰囲気があった。私も世界の主だった大学や研究機関宛てに自分を売り込む手紙を送ったが、メルボルンＣＳＩＲＯ林産研究所（現・建築研究所）のゴットシュタイン所長からかなり良い条件で受け入れるという返事を得た。外国留学が実現する喜びとは別に、英語で生活し英語で研究する自信がなく不安が大きかったが、通らなければならない試練と覚悟し3年契約を結んだ。

昭和46（1971）年9月21日、羽田を発ち、メルボルンへ向かった。35歳、私にとって最初の長期海外渡航であった。すでに述べたように、この3年契約は短縮され10か月間で帰国することになるのだが、日本と夏、冬が逆転し夏は南風が吹くと涼しくなるという国での生活は、私に何かを与えてくれたように思う。

この国では国立研究機関の組織改編がすでにスタートしており、私の行く1年前に林産研究所は建築研究所に再編され、研究所の建物もメルボルン郊外のハイエットに移転を準備していた。研究の内容も、人事面でも、中心は木材加工から建築分野に移る気配が濃厚であり、そのことが研究所全体に陰を落としているように感じた。このことが後になって杉山英男先生を建築から林産へお呼びする思

写真2　ラジアータパイン造林地

区画された造林地が広がる。植林と伐採がローテーションされていることがよく伺える。

考を形成したのではないかと思う。木材利用は建築と密接に関係しなければならないが、日本の場合は「建築」が極めて大きく、一緒になれば「林産」は飲み込まれてしまうであろう。

さて、オーストラリアは木材工業の分野ではラジアータパイン（写真2）以外あまり関心を持たれていないが、この国のCSIRO林産研究所は当時、多くの有名な木材研究者を輩出していた。現在では私と同じように老境に入った感のある木質構造のボブ・レッサー氏も、当時は若手のバリバリで元気一杯に活躍していた。日本からの招聘研究者も多く、私が赴く2年前から京都大学（以下、京大）の佐々木光先生が滞在しておられた。当地で佐々木先生には大変お世話になったが、先生とのご縁はそれからずっと続くことになる。

レイ・ファレリー君という当時23才の青年が

私の研究助手を務めてくれた。彼はテクニカルアシスタントとして働いていたが、その雇用形態は多分、契約職員であったと思う。私のとんでもない英語をよく理解していろいろ気を遣ってくれた。彼がいなかったら私の仕事はお手上げ状態であったであろう。

彼はとても忙しい。研究所で働きながらテクニカルインスティチュートに通う土木工学を専修する学生であり、さらにオーストラリアン・フットボールのプロ選手（少額だがお金をもらっているという意味で）、おまけにポーリンという彼女がいて結婚を考えていて、こちらの方もうまくやらねばならない。私は彼におおらかで、健康的で、真面目なオーストラリアの若者の典型的な姿を見たように思う。

パーティクルボードの耐久性評価法の開発

私はＣＳＩＲＯ建築研究所でパーティクルボードの新しい耐久性評価試験法開発について実験を行うことになった。このテーマを私にやらせることはすでに研究所の計画として決まっていたようである。オーストラリアでは当時、パーティクルボードを床下地材等の構造用に使うことが進んでおり、ボードの耐久性評価法が実際使用との関連性で問題になっていた。また、フェノール樹脂接着剤を使わない木材樹皮由来のタンニン接着剤によるボードが工場生産を開始しており、このボードの接着耐久性に関心が寄せられていた。

私の実験は、水蒸気存在下でパーティクルボードに繰り返し曲げ荷重を加え、曲げ性能の低下（たわみの増加、残存強度の低下）、破壊までの繰り返し荷重回数等を、荷重条件を変えて測定するもので、最終的には繰り返し荷重回数を実際使用年数に換算することを目的としていた。

この研究を完成するには、実際使用における性能低下の過程を測定し、促進試験結果と比較しなければならない。残念ながら私は10か月後に帰国することになるので途中で実験を終えねばならなかったが、繰り返し曲げ荷重試験によるボードの性能低下については満足できる成果を得て、レポートを提出することができた。そのおかげで3年契約の破棄を当局が認めてくれたのであろう。

なお、この実験については、Ⅱ章でもう少し詳しく述べる。

CSIRO研究所では実際に役立つ研究実施が至上命令であった。「あなたの仕事は国と企業にどのように役立っていますか」というレポート提出を求められたように思う。そしてこの作文はかなり苦しいものであった。今、森林総合研究所でこの課題に対する回答を求めたら頭を抱える研究員が何人かいることであろう。

4節　木材学会と私

木材学会長を務める

研究者はそれぞれの研究分野をカバーする学会の会員になるのが普通である。会員にならなければ研究成果を学会大会で発表したり、研究成果論文を学会誌上に公表したりする機会を得られない。また、学会の種々の集まりに参加して、他研究者と情報交換を行うことができない。このようなわけで研究者は学会会員にならざるをえない。林産学研究、木材研究に関わる我々のメイン学会は日本木材学会である。

日本木材学会は、昭和30（1955）年に設立され、去る平成17（2005）年に創立50周年を迎えた。現在会員数2000余名を有する農学関連学会の中で中堅的学会に成長してきている。木材の科学と利用に関わる研究論文を掲載する木材学会誌（和文誌）、*Journal of Wood Science*（英文誌）の刊行、年次大会の開催、支部活動、研究会活動、学界と産業界の交流の場である研究分科会活動等を通して木材に関する基礎および応用研究の推進と社会への研究成果の普及・還元を目指している。

私も昭和35（1960）年に企業から大学に戻ってきたその時に周辺から強く入会を勧められ、会員になった。平成30（2018）年で会員歴58年になる古参会員で現在は名誉会員に推挙していただいている。さて、学会を適切に運営し、学会活動を活性化するために学会員は力を尽くさねばならないが、私もメルボルンから帰国後、学会の各種委員会に引っ張り出され委員を務めた。

昭和50（1975）年から2年間、学会執行部の総務担当常任理事として、当時林業試験場（現・森林総合研究所）場長であった故・上村武会長の下で学会運営に携わった。Ⅰ章2節で述べた「研究」とはいささか距離をおいた、いわゆる「仕事」（雑用とも言う）との取組みが始まったのである。学会を活性化するにはどうすればよいか、学会活動を社会に広報するにはどうすればよいか、学会は果たして真に会員のためになっているのか、等々多くの人と議論し、活動の具体化を考えたものである。多くの人たちとのつながりが形成されていった。

このような時を経て、私は平成5（1993）年4月に京大の佐々木光先生の後を受けて木材学会会長に選出された。この時、学会の広報新聞である「ウッディエンス」に載せた会長就任挨拶に、「私は敢えて会務運営に全力投球をすると宣言は致しません。本務を第一にし、学会の方はボランティア精神を高揚させて能率良く、また楽しくこれに当たたろうと思います」と書いている。先生方には怒られそうな、鼻持ちならない表現である。若気の至りであるが、この文章は私の本心を表しており、この辺りに研究者がいわゆる「研究以外の仕事（雑用）」を遂行する基本があるのではないかと思っている。

学会創立40周年記念パネルディスカッション

会長任期が終了する間際の平成7（1995）年4月6日から9日まで、東京駒場の東大教養学部キャンパスにて、学会創立40周年記念大会が開かれた。大会総合テーマは「文明の基盤を化石資源から木材を中心とする生物資源へ移行する科学の振興と、それを可能にする新しい価値観の創造」であった。

会長として最後のイベントであるこの記念大会開催に、私は事業委員会の皆さんの協力を得てかなり張り切って取組んだ。通常の研究発表に加えて、次のようないくつかの記念事業を会員および産業界から特別会費を拠出いただき実施することができた。記念出版物「すばらしい木の世界」（海青社刊）は、木材に関する最新技術をカラフルなページ作りで分かりやすく解説したもので従来の木材学会出版物にない出色の出来であったと思う。

その他外国人研究者の大会招聘、6つの分野別シンポジウムの開催、物理系の杉山英男先生、化学系の京都大学樋口隆昌先生、大御所である両名誉教授による特別記念講演会の開催、環太平洋木材関連学会代表者の集まり等を実施した。最後の事項は後に木材学・林産学の分野に国際的な機関連合を設立する方向に進んだ。

そして私がもっとも力を入れたのは、大会総合テーマを受けて実施したパネルディスカッション「化石資源から木質資源へ」であった。私が司会をし、4人の方にパネリストを務めていただいたが、その中にニュージーランド・カンタベリー大学のA・H・ブキャナン教授を招待した。ブキャナン先生は平成2（1990）年に東京で開催された国際木材工学会議（International Timber Engineering Conference）において世界で初めて地球温暖化と木材利用について発表された方で、私の尊敬する先生である。この件についてはⅠ章7節に記述している。

このパネルディスカッションの内容が、大会宣言起草委員会によって文章にまとめられ、翌9日に行われた大会クロージングセレモニーの席で大会宣言として満場一致で採択され、内外に公表されたのである。

今考えると、当学会が宣言を公表したことはそれまでになく、学会長としてかなり大胆で、派手な行動をしたものだと冷や汗が出る思いである。しかし、この宣言は当時、「木材利用が森林を破壊し、それによる地球環境の劣化が憂慮される」という主張が世の中に満ち満ちている中で、木材利用の推進こそ地球環境を守り、人類の持続的発展につながることを強くアピールしたいという木材学会会員の熱い思いが結実したものである。

以下にこの木材学会創立40周年記念大会宣言を示す。

前文：日本木材学会は、（中略）大会第3日目に「化石資源から木質資源へ」と題するパネルディスカッションを行った。本テーマが21世紀へ向けて重大な内容を持つとの認識に立って、討議結果を大会宣言として内外に発表する。

『大会宣言』

我々は、21世紀への人類文明の進展を図るために、資源とエネルギーを大量に消費し、処理の困難な廃棄物を大量に生み出している現在の資源利用システムを、地球環境保全、持続的な資源確保が保証される人類生存の基本に合致したシステムに変換しなければならないと考える。

このような観点から木質資源の生産と利用を考察した結果、資源の再生産性、資源生産時の環境保全性、そして建築資材・化学原料への加工、解体、廃棄、再利用過程における省エネルギー性・低公害性において、この木質資源利用システムは他資源のそれに比べてはるかに優位であることを確認した。ここに、化石資源に依存した現在の生活方式を、木質資源を中心とする生物資源を基盤にしたシステムへ変換することの必要性を強く訴えるものである（後略）

平成7年4月9日

日本木材学会

今、この文章を読むと、この宣言が木材利用推進の原点を示しているように思えてならない。23年前に学会としてこのような宣言を世の中に発した先見性は大きなものがあろう。しかし、時期が早すぎ、社会から相手にされなかったことも事実である。また学会も成長過程にあり、社会への働きかけが稚拙で不十分であったと思う。

5節　杉山英男先生招聘を提案

「研究」とやや距離をおいた「仕事」の貫徹

前節で述べたように、工業化社会が頂点に達した20世紀の視点で眺めたとき、木材は他工業材料に比べて材料として多くの弱点を持っていること、そして木材産業の特殊性、林業が業として成り立たないことなどを社会にいかに弁護し説明するか、そして、歴史の浅い新設弱小林産学科という組織をいかに守るか、が私の課題であった。未だ完全な市民権を持たない林産学・木材科学、木材と木材産業を社会に理解してもらうことが大学研究者の義務でもあると私は思ったのである。

確かに、私は年を取るにつれて物事を俯瞰的に見て、あるべき姿、あり方を論じ、未来を予測することが好きになって行ったようである。このような課題を「学術研究」と区別して、適切な用語が浮かばないが「学術関連のその他の仕事」と称することとする。私は、純粋な学術研究とやや距離をおいた、いわゆる「仕事」の推進は学術研究の発展に極めて重要であり、大学教官にとって学術研究を遂行するのは当然であるが、それと同時に、いわゆる「仕事」を適切に執行する一部の人がいても良いと思っている。なお、研究をしっかり遂行していないと、社会の中に置かれた学術を俯瞰的に見る

写真3　よく飲んで、よく食べて、よく話をされた杉山先生（左）と筆者

ことはできず、ここで言う「仕事」を適切に進めることは難しい。

一生涯、学術研究に没頭する研究者を否定するつもりはないが、社会の流れに直接関係する応用研究である林産学にあっては、「仕事」の貫徹は学術研究を正しい方向に向かわせる。ここで、大学教官が行う純粋な学術研究とやや距離をおいた、いわゆる「仕事」について、私が東大在任中に適切に敢行できたと自分なりに思い当たる一つの事項として杉山英男先生招聘を提案し、林産学の中に木質構造の分野を導入する道を開くお手伝いをしたことについて、その経緯を述べる。

杉山英男先生招聘の経緯

私が卒業する頃の林産学科のカリキュラムには、木質構造学や建築設計製図、応用力学などの講義はなかった。木材利用の大きな部分を建築分野が占めているにもかかわらず、当時は木質材料を作り、その性質を調べるところまでが林産の分野と考えられていた。事実、林産では木材・木質材料の建築への適用問題、木質構造体としての住宅の性能に関わる問題に手を出す能力と勇気を持ち合わせていなかった。しかし、木質材料を作るところまでが林産の分野という制約は外されるべきであるし、材料からスタートし、材料に還ってくる木造建築を指向すれば、工学部で行われる建築とは異なった存在の意義を見つけ出すことができる。これが木造建築の発展にも寄与しよう。

昭和48（1973）年、故・北原覚一先生の後任教授選考において、候補者として材料第一教室の先輩が何人か挙げられたが、私は納得できなかった。若い人達を中心にして何日も、何晩も木質材料学教室の進むべき方向について議論が繰り返された。そのようなある日、杉山先生（写真3）をお迎えしたらという考えが閃いた。ちょうどこの頃は枠組壁工法を北米から導入する時であり、その中心として活躍されていた杉山先生を思ったのであろう。以上のような考えを選考委員長の平井信二先生に申し上げたところ、教室出身者でない人が候補として出てくるのは残念だが、そのような時代なのか、杉山先生なら人格も立派な方で本当の実力者であり最適任者であろう、と賛成をいただいた。

教室の出身者が順番にポストを占めて行くことが常識であった中で、外部から、しかも林学・林産以外の先生をお呼びすることは、時代がその方向に流れていたとはいえ、発想の転換なくしてはできないことであった。私も、貴重なポストを工学部に渡すのか、木材工業界から相手にされなくなる、などという非難をいろいろな場面で諸先輩から受けた。大変申し訳ないことであったが、このような非難を選考委員長であった平井先生の責任にして逃げた席も何回かあった。本構想の実現は平井先生の英断によるところが大きい。

建築と木材学を結ぶ架け橋

東大林産学科では、杉山先生が就任（昭和48年6月）されてから、木質構造や建築設計製図など木造建築関連のカリキュラムを導入して行ったが、この動きは全国の林産系学科を持つ大学に広がり、2級建築士の受験資格の取得につながる。木材学会の中に木質構造の分野が確立されて行ったが、このことがどんなに林産学を活性化し、社会からの要請を高めたか計り知れないものがある。東大ではその流れが後の一条ホール建設、社会人木造建築大学院修士コースの設立等につながるが、大学や学界ばかりではなく、企業、行政、木材関連諸団体の活動にも大きな影響を与えたと思う。

林産学の中に木質構造の分野を定着された杉山先生の功績は極めて大きい。そしてもし私に林産学の発展に寄与した「仕事」があるとしたら、それは杉山先生を東大へ、いや林産学の分野へお呼びすることに一役を務めさせていただいたことだと思っている。東京駅八重洲口に当時あった国際観光ホテルの喫茶室に杉山先生をお呼びして、平井先生と私で東大農学部林産学科へ来られることをお願いした日がつい先日のように思える。あれから45年が経ち、残念ながら杉山先生も亡くなられてしまったが、あの日こそ木質材料学、木材科学、林産学、そして農学の進む方向を拡大多層化し、学問の壁を破る記念すべき日であったと考える。

杉山先生には林産へ来られたことによって、やはり建築の主流から距離をおいてしまったことは事実であろう。この点は大変申し訳なく思っている。しかし、先生はそのようなことを一度も口にされたことはない。木材学会会長を務められ、日本農学賞を受賞され、そして農学博士の学位を取られたことなど、この分野で十分に力を尽くされた。まさに木材と建築の架け橋となられた。その努力に頭が下がる思いである。

木質構造研究を進める若い研究者へ

今、林産学の中で木質構造の分野が一つの研究分野として確固たる位置付けを得ていることが当然のことであると考える若い木材出身の研究者や学生諸君が多いのではなかろうか。しかし、上に述べたように杉山先生のご尽力を忘れないでほしい。また、林産学における木質構造研究の歴史は浅く、そして常に工学部建築との依って立つところの違いを意識しなければならないことを強調したい。すなわち、この分野はあくまでも生物資源としての木材が中心にあり、それは木材からスタートして木材に還ってくる学術・技術であるということである。

したがってそこでは、森林・林業・木材産業のうちの製材業というどちらかと言えば厄介な足かせのようなものを引きずって行かなければならない宿命を背負っていることを認識しておきたい。

森林・林業・木材産業の発展なくして木質構造の展開は不可能である。また、逆に木質構造の発展なくして森林・林業・木材産業の大きな展開は期待できない。そして工学部建築は、森林・林業・木材産業の動向に責任を負わない。その発展に責を負うのは林産サイドである。

6節　一条ホール建設

平成11（1999）年に東大農学部は創立125周年を迎えた。その記念事業の一環として、農学部1学年の学生が一堂に会することのできる300人収容のホールを中心とする東大弥生講堂の建設が計画された。ホールは木造であるべきだとの強い声が執行部周辺、そして当学科の岡野健先生から出された。私は平成9年4月から大学評議員を仰せつかっていたので、記念事業実施担当の役が回ってきた（あるいは順序が逆で、事業担当評議員として選出されたのかもしれない）。

すでに若干触れてきたが、林産学科はバブル崩壊が始まり、さらに紙パルプ工場廃液による環境汚染が問題になってきた昭和40（1965）年代後半から進学志望者が激減し、学部・大学の中での立場が極めて厳しい状況にあった。一講座返上の声も上がり、組織防衛にストレスの高まる毎日であった。このような情勢の中で、創立125周年記念事業担当の評議員である私の立場は大変つらいものがあった。大学・学部からの圧力を排除するためにどうしてもホール建設の資金4億円余を集めねばならない。

種々考えた末、杉山先生を囲んで結成され、研究会開催など活発に活動を進めている木質構造研究

写真４　弥生講堂（一条ホール）東側外観（中央が入口）
香山壽夫先生設計のこの建物は平成14年度建築学会「作品選奨」を受賞している。

会（昭和56（１９８１）年設立）の当時の賛助会員の皆様に私としては一世一代の「お手紙」を差し上げ、お願いを申し上げた。皆様から応分の協力を約するとのご返事を得たが、私としては建設経費全額を確実に確保しなければ学科が潰されるという切羽詰まった心境であったので、応分の協力では心許なかった。

その中で一条工務店大澄賢次郎社長（当時）さんからの一社で全額寄付するというお申し込みは大変有り難く、まさに救世主であった。「会社はこの先どうなるか分からない、しかし、会社が東大にホールを造れば一条の名は百年残る。その上百年間この建物について多くの調査を行え、データが得られる」、というまさに企業人としてのお話であった。

弥生講堂（中心が一条ホール。その他２つの会議室、事務室、実験室等が入る。**写真４**）建設が実現した裏には、杉山先生、有馬先生、安藤先生を中心にして行われていた当時の東大木質材料学教室における木質構造研究の実績が動かしがたい重さを持って存在する。多くの実大実験を主体的に進めていった当時の木質の部屋を支えた大学院生、4年次生、このような方々の努力が一条ホール建設を実現し、ひいては林産学科の現在を確立したものと思う。

また先に述べた、27年余の歴史を持っていた木質構造研究会の存在が大きかった。

現在までに120回を超す研究会を開催するという同研究会の実績の積み重ねが一条ホール建設へ導いたと言っても過言ではない。この研究会を設立時から実質的に支えてきた理事企業各社に深謝する次第である。さらに実際の建設にご尽力いただいた一条工務店 山本前社長、役員の方々、そして実務を担当された同社平野茂氏、古沢信氏を始めとする皆様に感謝したい。

このような中で、私は専門的にも木質構造からやや距離をおいていたので、技術的なことについては皆さんの仕事をただ眺めていただけで何のお役にも立たなかった。私がやったことと言えば、先に述べた一世一代のお願い状を書いたこと、学部執行部の一員として一条ホール建設のための事務的折衝を続けたこと、そして教室運営の外回り的仕事をしていただけである。

現在、一条ホールは学内・学外の集会のために極めて頻繁に使われており、建設の意義は大きなものがあったと考える。私は、この「仕事」の貫徹が東大林産学科存続のために極めて重要であったと思っている。

7節　私はなぜ、環境保全と木材利用の問題に関心を持ったのか

私は環境問題の専門家ではないし、理解も十分ではない。しかし、木材利用を推進する上で、地球環境保全と木材利用促進の整合性を明示することを避けて通れないと思う。

私がこの問題に関心を持ったのは、確か平成元（１９８９）年の夏に神戸市で開かれた建築学会年次大会で行われたパネルディスカッション（ＰＤ）「地球環境と建築」に参加したことが直接のきっかけであった。このＰＤでは、建物と建設事業が環境を汚染することについての議論が行われたが、論が進められる中で木造、鉄筋コンクリート（ＲＣ）造、鉄骨（Ｓ）造が比較され、木造建築では木材が伐採されることからＲＣ造、Ｓ造に比べて環境への負荷が大きい（マーク方式でマイナス2点、ＲＣ造、Ｓ造はマイナス1点）とされた。

私はこの議論の展開に憤満やるかたなく、環境保全と木造住宅建設の整合性を強く主張したい気持ちを抑えるのにかなり努力したように思う。当時、このような感覚的思考を押し返すだけのデータを我々木材サイドは準備できていなかったのである。

次の年、木質構造に関する国際会議「１９９０ＩＴＥＣ東京大会」が杉山先生を中心とした組織委

員会の元で成功裡に開催されたが、この国際会議で報告されたニュージーランド・カンタベリー大学、A・H・ブキャナン教授の論文「地球温暖化防止と木材工学」に私は強い感銘を受けた。この論文は、製材品を始め種々の材料が資源から製造・加工されるときに消費するエネルギー量を求め、これを大気中に放出されるCO_2量（炭素量）に換算して材料間で比較し、木材製品、ひいては木造建築の環境への低負荷性を指摘したものであった。私は、これこそ我々が今必要としているデータであると考えると同時に、このような研究を木材サイドではなく、土木建築のプロフェッサーが手掛けられていることに驚き、また我々の創造性の無さに深く反省させられたものである。

翌年、私は、後に建築研究所へ転出する中島史郎君と連名で、日本木材加工技術協会の「木材工業」誌に、この論文を「地球温暖化防止行動としての木材利用の促進」という題目をもって私どもの考えを入れて紹介するとともに、木材の良さを社会に訴えることの重要さ、データの大切さ、木材需要喚起の方策として環境問題を持ち出すことの有効性を訴えた。このタイトルは当時の（あるいは現在でも）国民的理解の逆を行くものであるが、それだからこそかえって訴える力が大きくなるものと考えた。

この文章は、環境問題と木材利用の関係について論じた我が国で最初の文章で、その後の木材界が環境問題へ取組む元になったものではなかろうか。

今、温暖化防止対策が広く論じられる中で、平成元（1989）年にこの総説を報告したことを私は誇りに思っている。その後、私は木材利用推進の意義をCO_2放出削減の観点から考察を進めていったが、私のこの考えは、その後の森林のCO₂吸収機能に施策を集中する林野庁の方針、さらには伐採即CO_2排出とする京都議定書等の国際議論に残念ながら少しも影響を与えることはできなかった。

そして今では平成2年に私どもが「木材工業」誌に書いたこの総説は世の中からすっかり忘れ去られている。しかし、その成果を中心とした私の論文に対して平成10（1998）年4月、日本農学賞、読売農学賞が授与されたことで、私は十分に報われたと思っている。

なお、地球環境問題と木材利用に関してはⅡ章で再度取り上げる。

8節　九大木材理学教室へ転出、九大での3年間

東大を去る

平成9（1997）年3月、私は東大農学部を定年退職になった。昭和35（1960）年9月に大学に戻ってから36年7か月が過ぎ、私は60才になっていた。現在では東大の定年年齢は65才まで延長されているようであるが、この60才という比較的若い年齢での定年のおかげで私は以後10年余、九州大学（以下、九大）、宮崎県、日本住宅・木材技術センター（住木センター）試験研究所、そしてつくばの森林総研と全国を渡り歩くことになり、貴重な体験を積むことができた。

私の東大退職に当たり、有馬孝禮、安藤直人両先生、三井木材工業㈱の鈴木信倍専務を中心に有志の方々により、いくつかの企画を進めていただいた。

その一つとして私が日本木材加工技術協会の「木材工業」誌等を中心に書いた総説、コラム「木うら木おもて」などを一冊にまとめる計画が立てられ実行された。研究論文は主要なものを研究の項目毎に分けて文献リストを作り、これを載せることにとどめた。杉山英男先生は、ご退官時に刊行された著作撰集に「木質構造と共に」という副題を付けられていたので、私の方は「木質材料とともに」と

いうタイトルを付けた。材料と構造の強い結びつき、材料からスタートする構造、構造から還ってくる材料、というサイクルが我々の木質材料学研究室の基本であるという信念を強く持っていたし、杉山先生と私でそのスタートを切ったという思いがあった。

定年直前まで、大学評議員や農学部図書館長、大学図書館運営委員など、大学の仕事が大変忙しく、上記刊行物の編集に時間をかけることができず、すでに印刷してあるものを単に集めただけのお恥ずかしいものになってしまった。本来ならば、定年後時間をかけて編集し内容も検討し直せばよいのだが、この年3月いっぱいで東大時代の仕事との関係を清算し、新しい生活に入りたいという気持ちが強かった。

事実、3期6年間務めていた日本木材加工技術協会会長や日本建築センター工業化住宅評定委員などを辞める手続きを始めていた。なお、私の加工技術協会に対する思い入れは深く、私の仕事の原点は協会の編集委員、編集委員長、そして会長時代の体験、関係する多くの人との出会いにあるように思う。それは私の場合、木材学会に対する思いよりも深いものである。

定年を間近に控えた平成9（1997）年3月9日夜、私ども夫婦は教室員を行きつけの共催組合熱海桃山荘に招いた。有馬孝禮、信田聡先生（お2人は当時木材物理学教室担当）も加わっていただき、安藤直人先生を含めて22人の大勢の教室員が参加してくれた。飲み、歌い、語り合う楽しい時を皆で過ごすことができたが、私は東大木質材料学教室とのお別れを思い、感慨深い一夜であった。

この時皆さんに頂戴したお餞別は、東大野球部の帽子と皆さんのサインと一言が書き込まれた軟式用バット、旅行券、そしてビール券1年分であった。いずれも私の大好きなものばかりであったが、ビール券は半年ももたなかった。

秋田木高研行きを断り、九大へ

定年を1年後に控えた平成8（1996）年5月か6月頃、すでに平成7年にスタートしていた秋田県立大学木材高度加工研究所（以下、秋田木高研）の佐々木光所長から、この秋田木高研へ教授として赴任するよう招聘を受けた。私は熟考の末、この招聘をお断りした。オーストラリアCSIRO建築研究所滞在中から大変お世話になり、親しくさせていただき、深く尊敬する佐々木先生のご厚意を無にする信義にもとる行動であった。

しかし、私にも理由があった。その一つは、私はこの時点で九大の木材理学講座担任教授のピンチヒッターになるように、とのお話を受けていたことである。そしてもう一つ、私は宮崎県スギ研究所設立のための委員会委員長を務めており、3年先の九大定年退官後、私が宮崎県からこの木材研究所のスタッフとして招聘を受けることがボンヤリとであるが見えてきた時でもあった。

秋田木高研は、県内、特に能代地区の木材産業界からの強い要請を受けて、県林務部が早い時期から設立構想を持って検討していたもので、佐々木先生を中心にした委員会が組織され、私も委員の一人として参加していたのである。

設立のための長い討議の過程で、佐々木先生と私は、この新設研究所を2人で動かして行くことをお互いに頭に描いていたように思う。時の経過による条件の変化と、昔から良きライバルであった佐々木先生と秋田と宮崎で競争したいとの熱い思いが私をして信義にもとる行為を取らせたのである。

もっと早く私の気持ちを先生に打ち明けておくべきであったし、ご迷惑をお掛けしたことを今でも大変申し訳なく思っている。私としては、九大行きとそれが通じる宮崎への道をもう少し明確にしておきたく、あの時点まで意志表示を待たねばならなかったのである。

このようにして佐々木先生の京都→秋田の路線と私の東京→福岡→宮崎の路線は交わることなく、独自に進むことになるわけである。私が宮崎県に赴任するのは平成12（2000）年5月、佐々木先生が秋田木高研所長に着任された平成7（1995）年4月に遅れること5年、これは多分、2人の年齢差と同じである。

九大木材理学講座に着任

平成9（1997）年4月1日、私は羽田から福岡に飛び、九大木材理学研究室の小田一幸助教授を訪ねた。この時から6年間、私はそれまで縁もゆかりもなかった九州の地に住むことになるのである。現教授で当時助手であった松村順司氏と5、6人の大学院生にもお会いし、その夜はビールを飲んで親交を深めた。

九大農学研究科木材理学講座教授を務めたのは3年間（東大60才定年、九大63才定年の間3年間）であった。九大には申し訳ないことであったが、この3年間、私は大学運営の仕事、福岡周辺の木材産業との連携などについて積極的に出ては行かなかった。私には九大の先生方に対する遠慮があったし、業界や地域の人々にとってはやはり私はお客様で、よそ者であっただろう。

一方、講義や学生の卒論実験や修士論文実験の指導等については、東大時代の罪滅ぼしの気持ちもあって、私としては力を入れてやったつもりである。教室に入ってくる卒論学生や修士課程に進学する大学院生は割合多かった。女子学生も多く、就職先を世話するのに苦労したものである。せっかく職についてもすぐやめる女子学生が何人もいて、困ったこともあった。

当時の九大学生で、公務員試験や選考採用で森林総研に職を得たものが3人いる。松永浩史、井道裕史、松村ゆかりの3君である。皆まじめで律義だが派手に自分を押し出すところがない。この性格は、私の知る範囲の学生についての感想だが、九大の特徴のようである。後に私が森林総研理事長になり、同じ組織の中で彼らと再会し嬉しかった。今後の彼らの活躍を祈念するのみである。

東大時代から引きずっているお荷物の後始末を九大にお願いする

40年も続いた大学教官時代の最後の3年間を、東大を離れ、九大で過ごせたのは、私にとっては新しい世界を発見するような面もあり、幸運であった。

博多は食べ物も美味しく、人情味も厚く、それに九大では東大の時に比べて格段に研究教育以外のいわゆる仕事(雑用と言うべきものか)が少なかった。皆様がご配慮下さったものと思う。それにもかかわらず、九大にはあまりお役に立てなかったことは申し訳なく残念であった。ただ、私の最小限の役割、学生さんの指導、そして木材理学講座の教授人事、それにつながる助教授人事の進行を促す時間を作り、その穴埋めは果たせたと考える。

九大にはいくつかのご迷惑をお掛けしてしまったように思う。37年にも及ぶ長い東大教官時代の後始末(あるいは尻ぬぐいと言うべきか)を九大にしていただいたような気がする。

まず前節で述べたように、私は東大定年に当たって東京での仕事をすべて精算したいと考えたが、加工技術協会会長の任期も後1年間残っていたし、他にも多くの直ぐにはやめられない仕事が東京にあった。九大での講義・ゼミの時間をやりくりして繰り返し東京へ出かけた。教室ゼミで、「大熊は東京へ出かけてどのような仕事をしているか」と題して報告を行ったこともある。東大時代に抱え込んだ仕事の後始末をしていたのである。それを九大は寛大に認めてくれた。

さらに、九大赴任1年目の冬に2か月半の入院生活を送り、忙しい学年末にもかかわらず休講や卒論指導ストップを余儀なくされた。この入院は東大時代から引きずっていたもので、数年前から人間ドックで指摘されていた膵管の太さの異常がやはり気になり、九大病院へ精密検査を受けに行ったのである。その結果、腫瘍が見つかり、悪性化の恐れがないわけではない、との第一外科林教授の診断で手術を受ける破目になってしまった。手術後教授から「癌でなくって本当に良かったですね」としみじみ言われたのが印象的であった。

もう一つの後始末は、退職金の支払いである。私は東大から九大へ配置転換されていたので、国家公務員の退職金を東大ではなく、九大退職時に九大から支給を受けた。その費用は九大が計上したものであろう。

平成12(2000)年4月、私は3年間住み慣れた福岡の公務員宿舎の荷物を整理し、宮崎市へ向かった。実際に県林務部へ着任したのは5月1日で、この間九大の教授室の荷物を整理し、その後2週間あまり神戸製鋼所に勤務する息子が駐在するドイツのデュッセルドルフへ家内共々遊びに出かけ、ボルドー、ルールド(フランス南部のカソリックの聖地)やローマ、バチカンを旅して本場の復活祭を楽しんだ。

9節　宮崎にスギ研究所を造る

宮崎県スギ研究所創設に向けて

宮崎県では松形祐堯知事のお声掛かりでずっと以前から県内に木材、特にスギ材を対象にして先端的かつ実用的な技術開発、製品開発を行い、県木材関連産業の技術向上、活性化に寄与する試験研究機関の創設が考えられてきた。そして平成8（1996）年度から委員会を作って本格的な検討が開始され、私が委員長を務めた。この年、私は東大定年1年前で、秋田木高研からのお誘いをお断りして、次年度から九大へ3年間勤務することを決断したのだが、その先に宮崎県が見えていたことについては前節で触れた。

県側の準備状況は、平成10（1998）年4月に組織改正を行い、木材の加工・利用に特化した木材振興課を新設、その中に木材加工研究センター（仮称）設立準備対策監という新ポストをおいた。そしてその役に以前から親交のあった原田美弘氏が就任し、それ以降、原田さんとは木材加工研究センター設立に向けて一緒に努力することになるのである。

この時に県が描いたスケジュールでは、平成10年度に建物の実施設計を行い、11年度中に着工、12

年度内に竣工、設備・試験装置等の導入、そして平成13年度当初に研究所オープン、となっていたが、ほぼ計画どおりに研究所設立は進んだようである。私は平成9年4月から12年3月までの3年間、九大に在籍していたので、ちょうどこの期間に上記の計画が進められていたわけである。

この期間、何回か研究所設立委員会が開かれたが、当然のことだが私は建物や設備の詳細について計画、決定に関与していない。ただ、九大の研究室に設計に当たったアルセッド建築研究所の方が建物について説明に来られたことを覚えている。また、平成11年4月から木材振興課に勤務する九大木材理学教室卒の田中洋君が研究生として九大の私の研究室に研修に来ていた。彼は設立される木材加工研究センター研究員の要員であった。このように九大には、私が席をおいていたために、宮崎県木材加工研究センター設立準備にご協力をいただいたのである。

平成11年度中のある日、私は当時の田所林務部長さんと原田対策監につれられて松形知事さんにお会いしているのだが、今、詳細を思い出せない。ただ、平成11年6月31日付けの書類が残っており、所長に採用される私の身分は、60才を越えているので平成12年度は非常勤の特別職、13年度からは非常勤の一般職とあり、非常勤で人事権、予算執行権を持つ一般職は本県では初めてのケースである、となっている。したがってこの頃に研究所所長内定を知らされていたのであろう。

木材加工研究センター設立準備室へ

私は九大を退官し、ついにどっぷりと宮崎県にはまり込むことになる。

平成12（2000）年5月1日、当時の宮崎県田所林務部長、原田木材振興課長、馬原対策監、そして私と、私の補佐をしてくれる県職員上杉基君等関係者が県庁林務部内の一室に集まり、入り口に「木材加工研究センター（仮称）設立準備室」の看板を掲げ、準備室のオープンをささやかに祝った。それから約1年間、私は上杉君と席を並べ、利用技術センター設立に向けて作業を進めたのである。

研究所の建設地は宮崎市から西へ車で1時間ほどの都城市内の県有地に定められ、敷地面積約3・2ha、建物（研究棟、実験棟、管理棟等5棟）の建築面積合計5240㎡、すべて平屋建ての木造大断面スギ集成材構造として建設が進められていた。

研究所の名称は、「宮崎県木材利用技術センター」に決定された。これは「加工」よりも広い意味を持つ「利用」にすること、学術研究のみでなく実際に役立つ技術開発の実行に取組むのだ、という松形知事の強い意向を受けたものである。私も「利用技術」という表現に賛成であったが、「研究」という言葉を残したく思い、英語名（Wood Utilization Research Center）の中にそっと隠して「研究（Research）」の一語を入れることにした。

もともと、宮崎は秋田木高研に比べて創設のための予算規模は約半分と少なく（ただし、秋田と違い、県有地を使用するので土地取得のための費用は不要）、また、確保可能な研究職ポストもずっと少なかった。したがって、それまでの委員会で検討してきた設立のビジョン、基本構想等を、予算の制約、県の行政上の制約の中でどのように押し込めるか、難しい課題も多かった。例えば基本構想では組織として木質バイオマスの化学的変換を含む4部門を設定していたが、予算とポストの制約から化学部門をはずし、バイオマス化学は他の分野に吸収することとし、「材質・木質資源」、「加工・製造」、「木質構造」の3分野で行くこととした。

すなわち、研究所の組織は材料開発部、木材加工部、構法開発部の3つの研究分野と企画管理課とし、研究者は所長（非常勤）を加えて13名、事務系職員は副所長（課長兼任）を含めて3名、合計16名という小規模な組織になってしまった。設立準備室の私のもっとも重要な仕事は、外部から招聘する3部長の人選と交渉であった。適切な人材を求めて私は頭を巡らし、東京、北海道、福岡等へ出かけ交渉を繰り返した。結果として企業、大学、そして地方公設試験研究機関から一人ずつお呼びし、部長就任をお願いすることになったが、この人選は正しかったように思う。

ひと味違う公設試験場へ

このようにして翌平成13（2001）年4月、宮崎県木材利用技術センターは発足に至ったのである（写真5）。4月の時点では外構などが完成していなかったので、オープンの式典は8月に挙行した。

多額の県費を投入して木材の加工・利用研究を目的とする研究施設を新設することは時節柄、考えられないようなことであったので、宮崎県木材利用技術センターのオープンは全国的に大きな関心を呼んだ。その上、少ない建設予算にもかかわらず、地元木材企業、地元建設業者等のご尽力、そして何よりもアルセッド建築研究所による建築設計と稲山正弘氏による構造設計が生み出した独創的なオール木造の建物は、5つの棟を巡る回廊と相まって素晴らしい研究環境となり、オープンの式典以

写真5　宮崎県木材利用技術センター
回廊を巡らせた大断面集成材構造の美しいたたずまい。

後も全国からの見学者が絶えることはなかった。なお、この稲山正弘氏は2018年現在私の出身教室東大木質材料学教室で教授を務められている。この研究所を預かる我々所員は、国産材、特にスギ材利用推進に対する県と県木材関連企業はもちろん、全国からの期待を背に感じ、頑張らねばならないとの思いを新たにしたものである。

私はこの木材利用技術センターを、従来の公設木材試験研究所とはひと味違う研究所にしなければならないと考えていた。準備室に席をおいていた時に、「センター開所に向けての体制づくりについて」という文章を県に上げていくつかの提案をしていた。その文頭で、「センター運営の主役はあくまでも研究スタッフである。センターは組織の上では県、林務部、木材振興課の監督下におかれるものの、それは実質的にセンターを動かすものではない」と述べておいた。これを読んで行政は驚いたのではなかろうか。

創設に当たり、秋田木高研のように研究所を大学付属研究所に位置付けることは宮崎ではまったく不可能であったし、私自身もむしろ反対であった。大学が官や企業へ与える影響力の限界を知っていたし、実地に役立つ、泥臭い応用研究こそ必要であり、それを実行するのは大学ではかなり難しいとの思いもあった。

しかし、大学の持つ自由と責任が織りなす世界を少しでもこのセンターに実現したかった。県行政は従来、「研究業務」と真正面から向き合う経験が無く、したがって「研究」に対する理解が不十分であった。木材利用技術センターは確かに県出先機関の一つではあるが、「研究業務」の特殊性をよく理解してほしい、というのが私の主張であった。しかし、設立から17年余が過ぎた現在ではスタッフも入れ替わり、外から眺めると設立当初の構想が怪しくなってきているようにも見える。この件についてはこれ以上のコメントを控えたい。

「宮崎のスギをよろしくお願いします」

このような経過をたどり、宮崎県木材利用技術センターは日常的な研究業務を開始したのである。センターの位置する都城市花繰町は静かな田園地区であり、宮崎市、宮崎空港へ車で1時間、交通の便も良い。センターは十分に広い素晴らしい建物と最新の研究設備を備えており、最良の研究環境を所員に提供している。あとはいかにして実際に役立つ研究成果をものにし、社会へ還元するかという

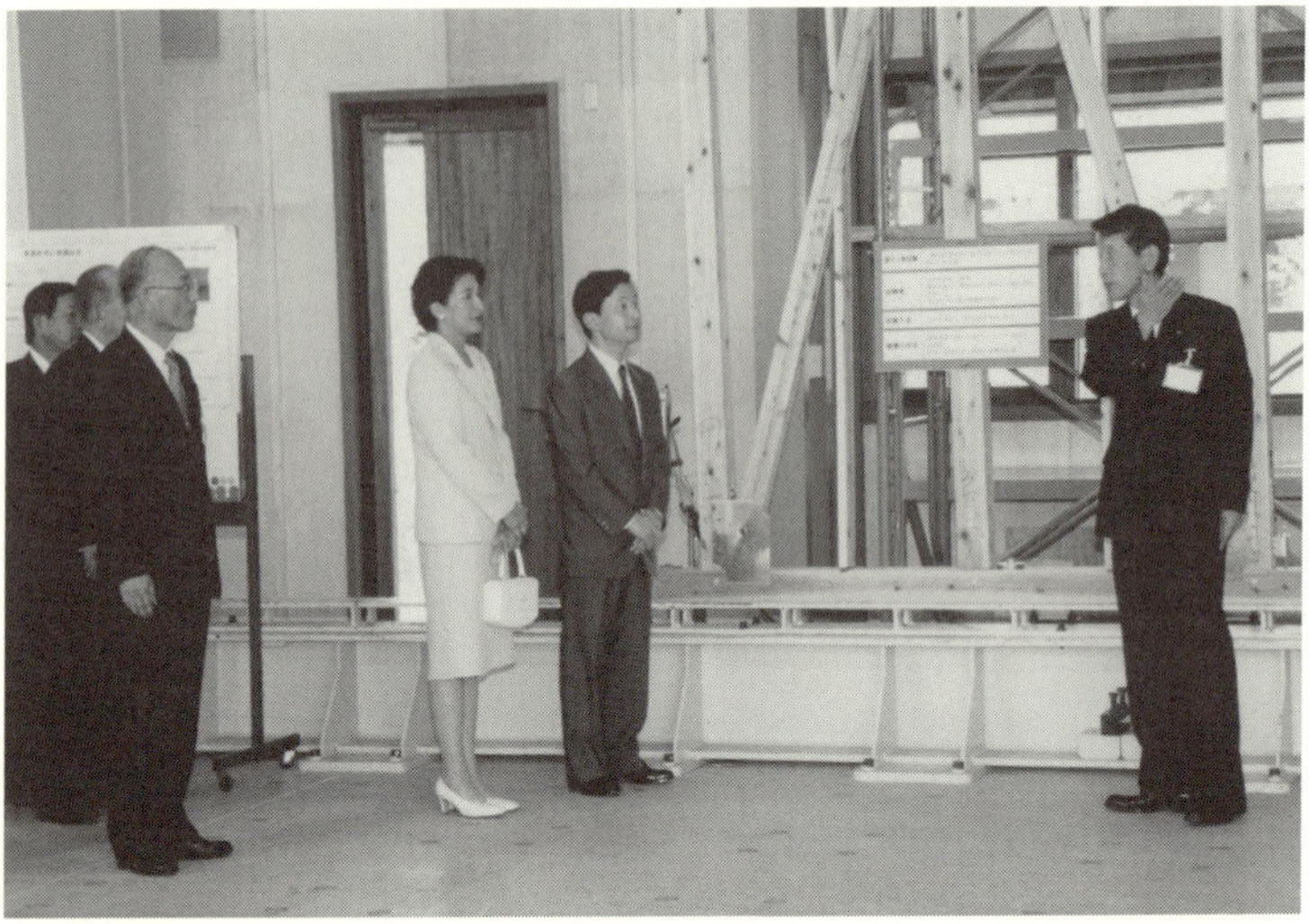

写真6　水平せん断壁試験の説明を受けられる皇太子・雅子様（宮崎県木材利用研究センター 平成14年7月10日）

ことである。

私は県に対して、常日頃、次のことをお願いしておいた。それは、①研究スタッフの資質向上が最も重要で、そのために県務に直接関係しない研修活動、学会参加等が自由に行えること、②センター業務は、本県のための業務に限られるものではなく、広く全国の国産材利用推進に寄与することが目的、③センターの諸活動の基本は、研究員個々の研究遂行の上にある。良い研究が行われていなければ企業との共同研究、委託試験、普及活動も適切に推進できない、④木材研究は短期間で成果を得られるものではなく、長いスパンで見守ってほしい。人事異動も短期移動は避けてほしい。もちろん個々の研究員の希望を優先すること、等々である。

私が所長を務めていたときの最も大きなイベントは、やはり皇太子、雅子様の行啓であったであろう（写真6）。県主導でシナリオが作られ、何回かのリハーサルが行われ、準備はかなり大変であった。所員一同緊張して当日を迎えたが、お二人の適切なご質問を受け（準備しておらず、お答えができないものもあったが）、また穏やかなご性格もくみ取れ、楽しい一日でもあった。私はお別れの時に、シナリオにない一言「宮崎のスギをよろしくお願いします」を申し上げ、肩の荷を下ろした。

10節　宮崎県からつくばへ

有馬孝禮先生に後を託す

私は平成15(2003)年3月末日をもって、宮崎県木材利用技術センターを退職した。宮崎県林務部「センター設立準備室」に1年、センター所長として2年、合わせて3年の宮崎県滞在であった。もう少しセンター所長を続け、センターの成長と発展に力を入れ、その成果を見届けたいとの気持ちも強かったが、1年前の平成14年春の時点で所長退任を心に決めていた。それは家内の体調がすぐれないことも一つの理由であったが、後任所長人事の条件も大きかった。ひと味違う公設試の体制を固めるために、最も気になることは所長人事が県行政の主導で決められ、県人事ローテーションの中で人が派遣されることである。私の後任には研究者を選定したいこと、内部研究者の昇任人事には少し時間がかかること、したがって次の所長も外部から招聘せざるを得ないこと、等を松形知事にお願いし了解をいただいていた。

ただし、私が次期所長を推薦するようにとのご下命であった。全国を見渡し、専門分野と人物を考えると、有馬孝禮東大教授(当時)しかいないことは明らかであった。もっとも、有馬さんが東大の私と同じ講座出身の後輩で、大熊は宮崎を東大で固めるつもりと見るであろう、一部世間の目が気になることは確かであった。しかし、そのような誤解に煩わされていては、組織が保たない。私が悪者になればよいのである。

有馬さんは平成15年3月に東大を定年になることが分かっていた。したがってこの時期を逃すと他のポストに行かれてしまう。私はどうしても平成15年3月に退任する必要があったのである。もっとも、以前から私の務めはセンターを立ち上げることだ、と自分で決めていたことも事実である。松形知事に有馬教授推薦を申し上げ、即、了解が得られた。有馬さんにはセンター所長就任をお引き受けいただき、大変有難かった。

ただ、この所長ポストは非常勤一般職という特殊なもので、待遇も良いものではないことを申し訳なく思っている。私の在任中に良い方向に処置すべきであったであろうが、できなかった。しかも、私の時は松形知事という大きな後ろ楯が有り、センターの良い意味での特殊性を県が認めてくれていた面もあるが、今では、当時の状況を把握していた県上層部の人はほとんど退職してしまった。有馬所長、そして以降の後任所長の力に期待するほかなかった。

「私に森林総研理事長が務まるでしょうか」

私は平成15(2003)年4月1日、鹿児島空港から東京へ戻った。平成9(1997)年、九大赴任のため福岡へ出発してから丸6年が経過し、これで私の九州での仕事は終了したのである。明日から

写真7　緑の中の森林総研東棟
左奥が正面玄関。目黒から移転40年余、木々が大きく成長している。

何もしなくてよいのだという開放感を持つと同時に、一抹の寂しさを感じたものである。私は66歳になっていた。日本住宅・木材技術センターのご配慮で特別研究員として週2日、砂町の試験研究所に出るようになって2年目、平成16年も押し詰まったある日曜日、当時大日本山林会の会長を務められていた小林富士雄先生から自宅へ電話をいただいた。森林総合研究所（以下、森林総研）の理事長を引き受けてくれないか、とのお話であった。

私にとってこの人事はまさに青天の霹靂であった。「私の専門は、木材利用であり、森林・林業を知りません。そのようなものに森林総研の理事長が務まるものでしょうか」と申し上げたが、一度お会いしてお話を伺うことになった。

数日後、大日本山林会の会長室に参上した

が、当時の森林総研田中潔理事長も同席されて、お二人から経緯等のご説明を受けた。小泉内閣の行政改革方針に基づき次期理事長は民間人でなければならないこと（大学と県に身を置いていた私は民間人と見なされるとのことである）、森林総研で登り詰めてきた方、すなわち現理事（当時）、企画調整部長（当時）の方々もこの時点では民間人の資格はなく当てはまらないこと、第1候補であったS先生が大学の事情でお断りになったこと、等々私が候補者になる事情のご説明を受けた。

そして、「森林総研の管理・運営方針は、すでに完成しているので何もしなくて大丈夫である。気楽に引き受けるように」とのことであった。その後小林先生のアドバイスで、当時現職スタッフである方をお訊ねし、お話を伺った。長い歴史を重ねてきた森林総研は、伝統に裏打ちされた管理・運営方式を構築しており、このやり方を乱されては混乱を来すから困る、とのことであった。出席しなければならない会議はこれとこれ、長として対外的な面をしっかりやって貰えればあとは大丈夫、気楽に引き受けるように、と大変親切に説明していただいた。

しかし、気楽に引き受けるようにとのお言葉の裏に、私は森林総研としての本心を垣間見た思いであった。将来にわたって理事長人事のレールが敷かれていたのだが、政府の方針でその実行にストップがかかり、当惑しているようである。しかし、理事長人事が進まねば、これが組織として大きな支障となることは明らかである。外の人間を組織の長に迎えること、いや外の人間を迎えねばならないこと、に対する心配が森林総研の中に存在するのは当然のことであろう。理事長の任をお引き受けするには相当の覚悟が必要である、と私は思った。

一方、このお話を前向きに捉える気持ちも強かった。すなわち、我が国最大の、そして唯一の森林・林業・木材に関する研究機関である森林総研は、私にとってずっと以前から極めて大きな存在であったし、今、この巨大な組織のヘッド、理事長になるようにと請われているのである。木材の時代、国産材の時代を実現するには、森林・林業・木材利用の結びつきを緊密にすることが不可欠であると思い続けてきたが、森林総研の長になれば、この組織の中に横断的なプロジェクトを設定し、横断的な研究グループを設立するなど、この方向で何かできるのではないか、今、そのチャンスが「木とともに生きた人生」の最終段階で与えられようとしている、と考えた。

理事長就任を引き受ける

以上のように考えを巡らせ、結局、私は独立行政法人 森林総合研究所（現・国立研究開発法人 森林研究・整備機構 森林総合研究所）理事長就任をお引き受けすることとした。

私は楽観的にものを考える人間である。やれば何とかなるであろう、この年になれば失うものは何もない、いつでも辞められる、との思いであった。特に、森林総研OBの中心的存在である小林富士雄先生のお人柄に惹かれていたし、木材関係ばかりではなく、森林、林業分野の現役研究員の人たちにも知り合いが多く、皆さんが助けてくれるであろう、というまさに気軽な気持ちであった。

11節　森林総研のミッションステートメント

森林総研理事長

私は平成17（2005）年4月1日付をもって森林総研理事長に着任した。前節で述べたように、気軽に引き受けるようにとのご配慮をいただき理事長に迎えられたのであるが、実際は、初めて外部から、しかも森林、林業の専門家ではなく、木材利用の研究者を組織の長に迎えることに対して、執行部を中心に戸惑いと心配が存在するようであった。しかし、これは当然のことであろう。

最初は、ことの流れを部外者的視点で観察して種々勉強しようと思ったが、よく考えてみるとまさに失うものはないのだから、開き直って私流に物ごとを進めて行く他ないと決心した次第である。私は着任の挨拶で全所員に、「できるだけ外に出て各自がやりたいこと、できることを精一杯やってきてほしい。何か問題が起これば、理事長である私がすべての責任をとるつもりである。年寄りはいつ首になっても大丈夫」、と大見得を切ったものである。

しばらく経つと外から来た人間として、どうしても意見を言いたいところが目についてくる。意見を言わなければ立派な給料を貰っていることが申し訳ないし、気持ちが落ち着かない。そのようなこ

写真8　創立百周年を記念してOB会から贈られた石碑「山なみ越えて」を囲んで
(平成17年11月2日、森林総研構内にて)

とで在任2年間、何もするなどのアドバイスに逆らい、いくつかの提案をしてきたつもりである。それは今までの経緯を知らない外部の人間であったからできたのかもしれない。それらは小さいことであろうが、森林総研のこれからの行き方に何らかの影響を与えるようにも思える。また、そうあってほしい。

所員の共通目標、3点セットを策定

私が在任した2年間で行った大きな仕事は、森林総研の業務遂行上の基本となる、次に述べる3点セットを策定したことであったと自分で思っている。

先ず第1番目は、森林総研は平成17(2005)年11月1日、創立百周年を迎えたが(**写真8**)、この時に合わせて以前から検討してきた森林総研の〝ミッションステートメント〟

を定め、公表したことである。「森林・林業・木材産業に関わる研究を通じて、豊で多様な森林の恵みを生かした循環型社会の形成に努め、人類の持続可能な発展に寄与します」という文言である。これは私が提案した文章で、Ⅰ章4節に述べた木材学会の40周年記念大会「大会宣言」と同一線上にある文章である。なお、ミッションステートメントとは、21世紀における本研究所の重要な役割・目的・使命を明示し、それを自らに課すものである。

次に、このミッション設定を受けて、2050年にミッションが目指す理想的な循環型社会が実現するものとして、そこへ至る研究の道筋、すなわち、研究ロードマップ「2050年の森」を策定することにした。これは単なる将来予測ではなく、2050年の社会はこうあるべきだ、こうあるはずだ、とのシナリオが先にあって、それを実現するための森林総研の研究工程表を作成するもので、なかなか私の思いが皆さんに理解されず、苦労したものである。この研究ロードマップは、私が退職後に完成を見た。私としては未だ十分には満足できるものに至っていないが、今後この資料の活用が期待される。

最後の一つは新しい中期計画の策定である。平成17（2005）年度で第1期中期計画期間が終了し、平成18年4月より新たに作成した第2期中期計画に沿って業務を推進することになるわけである。ちなみに、中期計画期間は4年間であり、この計画書に沿って業務が進行したかどうか外部評価を受けるのである。私は、従来の寄せ集め的な課題群設定をやめ、系統立てて課題を設定するようお願いした。すなわち、新しい中期計画では、国民からの森林・林業・木材に対する要請を出口に散りばめ、そこに向かってストーリーを作って流れ込む重点課題を設定しており、国民に説明しやすいフレームになっていると思う。

開発研究については重点課題として、①地球温暖化対策、②森林と木材による安全、安心、快適な生活環境創出、③社会情勢変化に対応した新たな林業・木材利用技術の開発、の3課題を設定することとし、この重点課題のもとに多くのプロジェクト・研究課題等をストーリーに沿った順番に並べてぶら下げることとした。各課題を担当する研究員は、その課題が重点課題へ流れ込むストーリーの中で各自の役割をしっかりと自覚してほしいと繰り返し述べてきた。各重点課題の中では、森林・林業・木材利用は横断的に結びついて研究テーマ、研究グループを作る。

ここに森林総研の業務遂行上の3点セット、すなわち、ミッションステートメント、研究ロードマップ、第2期中期計画が用意されたのである。所員は、これら森林総研の業務遂行上の基本則である3点セットを共有しているという連帯感を持って進んでほしい、その中で各自の果たすべき役割が明確に位置付けられていることをしっかりと認識してほしい、と皆さんに訴えた。

すなわち、所員各自が漫然と研究に取組むのではなく、組織の一員として自己の役割、位置付けを明確に認識して各自の研究を進める、ということである。少しずつではあろうが、所員の意識改革は進むものと期待している。

森林総研は「緑の巨塔」になってはならない

私が森林総研創立百周年記念諸事の出来事の中で最も共感し、感銘を受けたのは、記念刊行物「百年の歩み」の巻頭に書かれた速水林業代表速水亮氏の祝辞、というより森林総研に対する思いを込めた「檄」であった。なお、速水氏には研究所の外部評価委員をお願いしていた。

速水さんは、森林総研が「白い巨塔」ならぬ「緑の巨塔」にならないように厳しく諫めておられる。すなわち、我が国林業が病んで、絶望的状況で横たわっているすぐその脇で、森林・林業・木材に関する我が国最大、そして唯一の研究集団である森林総研が自己の研究を淡々と進めているのは異様な光景である、と言われている。森林総研が今、総力を挙げて取組まなければならないのは、我が国林業の再生に研究を通して寄与することであり、そうでなければ国民の要請に応えるという独立行政法人としての存在意義は無いと断言されているのである。

私もこのお考えにまったく同感である。森林総研で行われているすべての研究が、我が国林業の再生を目的として総合化され、研究成果、研究の出口が林業へ収斂して行くべきであると考える。ところが実際は、残念ながら研究員の林業に対する関心は低く、研究所の中であまり林業という言葉を聞かない。

しかし、速水氏も言われているのだが、今、研究所で主要な研究になっている、例えば、生物多様性や野生動物などの生物に関わる研究、地球温暖化や水土保全などの環境研究、木造建築やバイオマス転換などの木材利用研究の成果を真に国民に還元するには、まず、基本となる林業が業として成り立っていなければならない。

けだし、森林総研が「白い巨塔」ならぬ「緑の巨塔」になってはならない、という速水亮氏の言葉は名言であり、深く考えさせられた。

12節　森林総研の発展を祈念する

「ご勇退をお願いします」

平成19（2007）年3月29日夕方、農林水産省小林事務次官から「ご勇退をお願いします。ついては引継をしっかり行ってください」とのお電話をいただいた。

私が3月末日をもって森林総研を退くことは一月以上前に決定していたことであった。森林総研は、平成19年4月1日付で林木育種センターと統合し、新しい独立行政法人に生まれ変わることになっていた。

この経緯についてはここで触れるつもりはない。新理事長人事に関する林野庁からの問い合わせに対して、官邸からは新独法発足に当たって70歳を越えた理事長は特別な場合を除いて認めない、との返事を得て、私の退職は決定していた。家内の健康状態も依然としてあまりよくなく、私も少々疲れを感じていたので私自身も退職の潮時と思っていた。

そして平成9（1997）年3月に東大を定年で辞めてからの10年間にわたる福岡、宮崎、つくばを回る遍歴にやっと終止符を打つのかと思い、感慨深いものがあった。特に森林総研理事長の職務においては途中で職を放り出したり、首になったりせずに何とか2年間を務めることができたのは、所員一同の暖かいご協力と林野当局の寛大なお計らいのおかげと深く感謝する次第である。事実、私は行政と直結し、その管轄下に置かれる組織としての森林総研の管理・運営法に不慣れであるばかりではなく、若干それに反発する気持ちを最後まで持っていた。

このようなことから、森林総研の執行部は私の言動にハラハラすることが多かったのではなかろうか。私の書く文章は、お役所の所定の形式からはずれるのが常であったので、執行部の方々には赤を入れる面倒を大分お掛けしたように思う。もっとも、自分として一番言いたいところ、よく書けたと思える部分が必ず消されるのは残念ではあった。私がご挨拶をするときなど心配そうに私を取り囲んで見守っていただいた。私と同時に林野庁から派遣された川喜多理事とは新参者同士で、二人で研究室巡りをして勉強したり、内密の相談事をしたり、特にお世話になった。

退職を控えた3月のある土曜日、所員のご配慮で森林総研林産領域と東大林産との親睦野球試合と、その後のバーベキュー会を企画していただいた。森林総研林産領域と東大林産はずっと以前から(私が助手になって直ぐの頃から)野球の定期戦を行ってきており、私も常に参加してきたが東大側は4、5回しか勝利していないと思う。

この試合は私の送別会を兼ねていたのであろう。私は東大側の4番を打たせてもらったが、4打席ノーヒットの残念な結果に終わってしまった。70歳にして土曜日に筑波まで野球に出てくるのも自分でおかしく思うが、目がちらつきボールは見えず、年を感じさせられた一日であった。森林総研の菱山正二郎さんに、日頃の練習をしないからだ、と言われたが確かにこの2年間、野球やテニスをする機会が十分にありながらその気持ちに向かわなかった。それだけ気持ちに余裕が無かったのであろう。

求められる理事長の指導力、裁量権の発揮

以下、話題を変えて、森林総研のこれからについて考えるところを述べたい。

先ず、理事長の任について考える。これからは理事長の指導力の発揮、裁量権の行使がもっと強く求められるものと考える。総合技術会議の議員さんとの意見交換会においても理事長のトップマネージメントが強く求められた。それが出来ないのなら理事長の資格なし、と言われたようである。しかし、理事長は決裁権を持つが裁量権を発揮することは極めて難しいことである。森林総研では従来から人事、予算、組織再編等の重要案件の起案は、企画調整部を中心に行われてきた。確かに理事長は資料も人のつながりも、知識と経験も持たないので、これらの重要案件を自ら起案することはできないであろう。

この場合、案件がほぼ決定されてから説明を受けてもお互いに面倒なことになるので何の意見も言うことはできない。ましてや決裁権を振りかざして反対すれば大変なことになる。やはり理事長が主催する形で重要案件の起案がなされねばならないと考える。この任がまさに理事長の責任であり、役割ではなかろうか。

いや、このような大げさなことではなく、何が今問題になっているのか、それについてどう対応するのがよいのか、理事長に最初の段階で連絡を密に取ってもらえば済むことであるのかもしれない。理事長が単なる対外的な顔、飾り物、挨拶と乾杯係、印鑑の押印係り、そして内部昇格の上がり役で済む時代は終わったようである。これからは理事長が本当の意味で中心にあって、組織運営に取組むことが必要であると強く思った。

私は不十分で未消化の結果しか残せなかった。新しい時代を迎え、国立試験研究機関の管理・運営法も再考の余地があると思う。恒常的な案件の決裁に加えて、林木育種センター統合の後処理、旧緑資源、森林保険機構の承継、そして次に出てくる国有林問題等、大変厳しい難問が迫りくる中、後継の理事長さんの指導力のもと、新国立研究開発法人森林総合研究所が組織再編も視界に入れて、大きく発展することを祈念する。

期待される林産部門の活躍

さて、森林総研の将来は林産分野、木材分野の活躍にかかっているものと考えている。林産分野が木材需要を拡大し、そのことによって林業を再生させ、そして森林整備を実のある方向に導く。消費者は川下に結びついているので、川下から川上に攻め上る手法こそ国産材時代を実現するものと思っている。

事実、製材工場の大型化、国産材合板・集成材の製造が進展しており、国産材利用率が30％を越えるようになってきているが、この成果に森林総研の林産、木材関連分野の研究者の皆さんの努力が大きく貢献していることは明らかである。

理事長時代には口に出せなかったのであるが、これからの森林総研の中心はかなり林産・木材分野に傾斜してくるのではないかと思っている。

最後に森林総研の第3領域（林産、木材分野）に一つ意見を述べておきたい。

退職する前の春に九州支所と林木育種センター九州育種場を訪問した際に、当時林野庁九州森林管理局長をされていた山田寿夫さんとご一緒して製材工場を見学した。スギ集成材ラミナの製造が活気づいていたが、この現場で山田局長の周りに多くの木材企業が集まり、技術的にも頼りにされているのが印象的であった。この時点で山田局長が北海道管理局長に転出されることが分かっていたので、事態が憂慮されていた。

この役割はまさに森林総研九州支所が果たすべきものであるが、九州支所には木材研究者が一人もいないため、その責を果たすことができない。我が国最大、唯一の森林総研が地域の要請に応えていない、応えられない象徴的な事項と思った。

今後、林産分野の重要性が増してくれば、このような事態が増えてくると考えられる。何か工夫して木材関係の人材を支所に送りたい。聞くところによれば、木材関係の研究者は実験ができないという理由で地方へ転出することに難色を示しているそうである。今後このようなことは許されないものと考え、案じている。

13節　木材利用の科学は農学か、工学か

日本農学会会長に選出されて思うこと

平成22(2010)年1月22日に開催された平成22年度日本農学会評議委員会において、私は日本農学会会長に選出された。もちろん私の選出母体は日本木材学会である。これに先立つこと2年半ほど前に当時木材学会会長であった東大太田正光先生から、農学会の役員(副会長)に推薦するがよろしいか、と問いかけられたことを覚えている。ちょうど森林総研理事長を退任した年でもあり、また若干農学会の内情を知っている私は、林産学科出身の私が選ばれることはないと確信していたのでOKと返事をした。ところがこの時私は副会長に選出されてしまったのである。そして今度は会長が回ってきたわけである。日本農学会会長には従来から農芸化学、獣医学、農学、そして農業経済学等の先生が就任されてきたので、林産、しかも木材系の私に会長職が回ってくることは考えられないことで驚いた次第である。

私の専門はすでに述べてきたように木質材料の物理、工学的利用に関わる分野である(であった)。したがって(狭義の)農学、農芸化学、水産学、獣医学等はもとより、広く生物生産、生物環境、バイ

オテクノロジー等に関わる基礎から応用に至るいわゆる広義の農学を対象にしても、私の専門分野は、そこからやや距離があるように感じていた。確かにこの2年前に副会長に選出されるまでは、私にとって農学会は（若い時に農学会常任委員を務めた時と日本農学賞をいただいた時を除いて）遠い存在であった。そして副会長としてお仕えしたこの2年間は農学の神髄に触れる良い機会で種々勉強させていただいたが、農学・農業の知識を持ち合わせていない私にとっては、正直に言って居心地の悪い厳しい2年間であった。

果たして、我が国の農学研究者にとって最高の栄誉として歴史を重ねてきている「日本農学賞」を授与する農学の総本山的な組織である日本農学会会長を私が務めることが許されるのか、悩み、逡巡する日々が続いたが、平成22（2010）年4月5日の第81回日本農学会を皆さんの協力を得て無事終了することができ、会長の任に当たる勇気が湧いてきたようであった。開き直った気持ちである。一方では、木材・林産・木質構造に関わる分野を農学界にアピールする絶好の機会だと考え、頑張らねばならないと思ったのである。

日本農学会とは

ところで木材関係の方々、木材学会員の中で、日本農学会、そして農学という学術分野を身近に感じる人は極めて少ないのではないかと思う。私もその一人であった。そこで少しく農学会について説明する。

日本農学会は農学系学協会の連合体であるので、学協会が会員、構成メンバーになっている。したがって名誉会員以外、個人会員はない。当時51の学協会が会員として加盟していた。農学というと、一般に農業に直接関係する学問のみを意味すると思われがちだが、それは間違いである。狭義の農学（農業生物学）、農芸化学、林学、水産学、獣医畜産学、農業経済学、農業工学等に加えて広く生物生産、生物環境、バイオテクノロジー等に関わる基礎から応用に至る広範な学問全般を含んでいる。

日本農学会の歴史は明治20（1877）年にスタートしたがここでは歴史には触れない。日本農学会は51の学協会の連合体であり（当時）、傘下の学協会間の情報の交換、調整、集約に努め、農学各分野の発展に寄与することが目的である。

日本農学賞は、日本の農学研究者間で最高の栄誉ある賞として認められている。昭和5（1930）年から続いているこの日本農学賞の選定と授与は日本農学会の中心的事業であり、長年にわたって会員学協会によって支えられ歴史を重ねてきた。

また、読売新聞社には毎年日本農学賞受賞者とその受賞業績内容を紙上に掲載するなどサポートしていただき、さらに読売農学賞授与も行っている。

木材利用、林産学は農学か、工学か

すでに述べてきているように、私の専門は木材・木質材料の製造と利用に関わる分野で、大学教官時代、農学部に所属しながら材料や木造住宅構造の研究教育に携わってきた。そしてこのような木材の利用研究を農学の中に位置づける作業は少々手間がかかることを自覚していた。確かに農学会の先生方には、学術としての木材利用、ひいては林産学について未だ十分な理解が得られていないように思われる。林産学の中で化学、生化学、そして環境問題に関わる分野は、いわゆる〝農学〟と共通の言語を持っているので十分に理解されているが、木材の物理的、工学的分野は、農学の中で明らかに違和感を持たれているように感じる。なお、工学を武器にして研究を進める農業工学は、〝農業〟を直に研究対象にしているので、研究の目的そのものが農業技術の向上であり、これはまさに農学である。

一方、木材をエンジニアリングして建築や家具等に利用する技術開発研究は、木材からスタートしてもその研究は拡散して行き、農学・農業の範疇に収まらない。木材利用研究（紙パルプ・製紙・高分子・接着剤等の研究を含めて）を農学の中に位置づける理論的で分かりやすい説明が必要であろう。難しい話になってしまったが、昔、佐々木光先生とご一緒に学術会議第6部（農学）の懇親会に潜り込み、農学界の大御所先生方にアタックして木材研究と林産学を必死にアピールしたことを思い出す。自分で言うのも気が引けるが、私が農学会会長を務めることは大変なことであり、昔日の感がある。

I章3節で触れたように、私は東大を定年になる2～3年前に文科省の短期在外研究員としてフィンランドに滞在したことがある。この国では林学科は古い歴史を持つ総合大学ヘルシンキ大学の農学部にあるが、林産学科は郊外のエスポーにある別の大学、ヘルシンキ工科大学の中に設置されている。木材という生物資源の応用科学を、工学の中に位置付けるか農学の中に置くか、日本とフィンランドでは相異なる方向を取っているのである。

木材利用の科学の位置付け

生物資源の利用科学は、その基本を生物体の発生、成長に置き、そして生態系維持の目的から環境問題との関係を強く意識して進めるべきものと考えるが、一方、工学的手法の深化、専門化という面からはフィンランド型の方が都合がよい。アメリカ、中国などの一部の国を除いて世界の多くの国では、木材加工・利用の研究教育の分野は工学部に置いているようである。

我が国の場合、島根大学において理学部が総合理工学部に再編されたときに、木材関連講座が農学部から抜けて、総合理工学部に材料プロセス工学科として入り、この中で機能しているのが唯一の例であろう。この学科が農学部の林産学科よりも密度の濃い、新しい木材研究教育の実績を上げてきているのか、あるいは従来の工学部の中に埋没してしまい、教官スタッフの代替わりとともに木材研究を放棄してしまうのか、現状をよく知らないのでコメントできないが、注意を寄せるべき事項であろう。

私は、木材利用を科学するこの分野は、あくまでも生物資源である木材が中心にあって、それは木材からスタートして、例えば建築を廻って、木材に還ってくる学術・技術であると、主張してきた。生物体としての木材についての深い理解と知識があって初めて、適切に木造建築の技術を展開できるのであり、逆に、建築についての理解と知識を木材の育成と加工に反映させてこそ、木材利用を格段に発展せしめることができるのである。

本章第5節で述べたことの繰り返しになるが、森林・林業・木材産業の発展なくして木質構造（木造建築）の展開は不可能であるし、その逆も真である。そして森林・林業・木材産業、さらに環境問題はまさに農学の重要課題であることを主張したい。なお、建築サイドは、森林・林業・木材産業の展開に関心を寄せ、その発展に力を尽くす責務を負っていない。

なお、これまでの節で、木材と建築の架け橋になられた杉山英男先生の功績は大なるものがあったと書いた。架け橋になるこの仕事は、農学部の中でなければ推進できないものであった。ちなみに、杉山先生を囲んで設立され、現在は安藤直人先生、稲山正弘先生らが中心となって活動している木質構造研究会にはこの日本農学会に加盟してもらっている。

Ⅰ章のおわりに

Ⅰ章においては、私の出身講座である東大木質材料学教室の誕生（昭和45（１９７０）年４月）から私が日本農学会会長を退任する（平成26（２０１４）年１月）までの44年間にわたる私の木材研究者物語を書き連ねた。それぞれの場面で起こったこと、それぞれの場面で考えたこと、をほぼ年次の進行の順に記載したが、一部順不同になっている。

時代の流れ、周辺状況の変化をどのように捉え、どのように対応したか、それは正しかったのか、誤りであったのか自分で判断はできないが、私は総じて自分なりに適切に処置できたものと考える。このように考えられることはやはり幸運であったのであろうか。特に、建築学科から杉山英男先生を招聘して林産学科へ木質構造分野の導入を実現したこと、農学部創設１２５周年事業として一条ホール建設のための資金調達を成功させ建設を実現したこと、さらに定年後、林産学科出身で木質材料を専門とする身でありながら森林総研理事長を、さらに農業・農学の総本山とも言える日本農学会会長の任期４年を勤め上げたこと、その経緯とその当時の私の心の動きを読んでいただきたい。

木材利用の科学の遂行というやや特殊な分野における一人の研究者、大学教官の姿として私の立ち居振る舞いをお読みいただき、何か参考にしていただければ幸いである。そして若い方々には、木材利用の科学という学術分野をご理解いただき、「木材研究者」への道を一人でも多く歩み出していただければ望外の喜びである。

Ⅱ章　木材を使って持続的、環境共生型社会を造る

木材は再生可能な持続的資源

木材利用は環境と仲良し

（全国木材組合連合会提供）

1節　これからの「材料」に求められるもの――木材の可能性

材料開発の歴史

居住空間を組み立てたり、生活用具を作ったりするのに用いる「材料」は、食糧やエネルギーと同じように人間生活にとって不可欠なものである。人類は、有史以来、さまざまな材料を開発し、文明の維持、向上に努めてきた。

材料開発の段階を世代という言葉で表せば、第1世代は木材、動植物の繊維や皮革、土石類などの天然材料、第2世代は鉄で代表される天然物から有用成分を抽出して加工したもの、第3世代は合成によって作り出された天然には存在しないもの、例えば石油から作られるプラスティックなど、第4世代は単体を複合して組み立てるＦＲＰ(Fiber Reinforced Plastic)などの複合材料、そして第5世代が未来の材料、知能性材料(intelligent material)であると言われている。

古くさいと思われる第1世代の天然材料である木材が現在でも多量に使われていること、エジプトの時代に使われていた藁を混ぜ込んで作った日干し煉瓦は第4世代の複合材料と見なされること、カラクリではない真の知能性材料は未だ開発に至っていないこと、等に注意すべきである。

このように、人類は有史以来、膨大な種類の材料を開発してきた。我々は多数の材料を手にしている。したがって、ものづくりをするときに我々は先ず材料の選択を行う。そこには選択の基準、条件というものが存在する。価格や供給の安定性、加工や施工のしやすさ、性能そして個人の嗜好などが選択の基準とされてきた。ところが今これらの条件に加えて、環境に対する負荷をできるだけ小さく抑えること、さらには使用する人間の健康に支障を来さないこと、不快感を与えないこと、という条件が大きな要素として新たに浮上してきた。

「材料」を囲む周辺条件の変化

20世紀末は工業化が頂点を極めた高度成長の時代であった。ところが今、21世紀を迎え、地球環境の劣化と資源の枯渇が急速に進み、「材料」を囲む状況が大きく変化してきている。これからの材料は、地球環境保全に適合し、資源の持続性を確保していることが必須の条件となるであろう。また、材料が保持する品質は今まで以上に高い、信頼性に富むものでなければならない。一方、廃棄物を減らし、資源を節約することが強く求められ、そのために材料の再利用とリサイクル利用の高度化は必須の事項になっている。また、これからの人間を中心に置く時代では、材料は人間の健康を害さない、人間の感性にフィットするものでなければならない。すなわち、新しい時代に求められる材料は、次の5つの条件を満たさねばならない。

①製造、加工、利用、解体、廃棄の全過程を通して環境に与える負荷が低位
②強度、耐久性などの品質に優れ、信頼性を保持する
③解体、廃棄、修理、再利用、リサイクル利用等が容易で省エネ的に行える
④人間の健康を害さないとともに人間の感性にフィットする使用感をもつ
⑤原料調達の持続性が保持されている

上記の条件①、⑤はまさに生物材料、有機材料である木材しか満たすことができない条件であり、木材の優位性は動かしがたいものがある。一方、②と③の条件は本来的に相反するものであり、同一材料にこれら2つの条件を与えるのは大変困難であると考えられる。また、木材の場合②の条件を向上せしめると④の条件維持が困難になるケースがあることに注意すべきである。

「強くて弱い材料」、「燃えないが燃やせる材料」が欲しい

先ず②と③の条件について考える。地球環境時代の材料にも、使用時の高性能、高信頼性が強く求められるのは当然であるが、それとともに解体・廃棄時の易分解性、すなわち、解体・廃棄の省エネルギー性、低公害性が大きな比重をもって要求される。しかし、この2つの条件は本来的に相反する条件であり、一つの材料に高強度・高信頼性と易分解性という特性を持たせることは現在の技術をもってしては困難である。通常、「強くて弱い」材料はあり得ない。

釣り糸は強くて長持ちしなければならない。しかし、ひとたび水中で切れたら（切れないという保

証は無い）魚や鳥に害を与えないように、また環境を汚染しないように、その瞬間に材質は激変して、水に溶解して無害な成分に分解してほしい。接着剤は、強固で絶対に剥がれない耐久性のある接着層を作らねばならない。しかし、その製品を使い終わり、解体・廃棄するときには簡単に剥がれることが望まれる。同じように木材・木材製品は使用中に燃えたり、腐ったりしては困る。しかし、解体時や廃棄材になったときには、容易に無公害的に燃焼し、また生分解する（腐る）という木材本来の特性を依然として保持していたい。

次に②と④の条件である。木材の強度が不足するとしてフェノール樹脂処理等化学修飾を行うことがある。また、木材に薬剤を用いて難燃処理、防腐処理が行われる。ところがこれらの処理は④の条件である木材の使い心地の良さ、健康安全性に対してマイナス効果を与えるおそれがあり、十分な注意が必要である。

それでは、どうすればよいか

現在の段階では、次のように考える。

燃焼性、腐朽性をもつ木材に対する使用時に要求される高信頼性は、使用条件の精密な制御によって担保することを中心に考えるべきではなかろうか。すなわち、木材が有機材料として本来的にもつ燃焼性、生分解性はそのままにしておいて、施工法の工夫と積極的な使用環境の制御によって、材料が燃焼条件下、腐朽条件下に曝されないようにする。床下の強制換気、水分浸入阻止、さらに温湿度の精密なチェックとコントロールシステム、散水装置、そして構造的に防火性能の高度化を図ること、等々により使用時の高い信頼性を確保する。部品交換が容易な設計も不可欠である。

構造強度を向上せしめるためには、化学修飾を考える前に、ハイブリッド材など複合化木材、さらにはスパン表の作成や強度等級区分など使用時のエンジニアリングを深化させることにより実現を図る。

しかし、本質的な解決は「強くて弱い、燃えないが燃やせる」材料の開発である。すなわち、周辺条件の変化に鋭く反応して自らの性質を変化させるまったく新しい材料、知能性材料の開発である。それは生物材料と関係があるものとの考えもある。そして、ここまで考えてくると、木材に知能性材料としての特性の一端が備わっていることに気付く。例えば、木材が持つ吸放湿性、水分変化による寸法変化、燃焼性、腐朽性という従来は欠点と見なされていた性質が、視点を変えて眺めると、まさに木材が周囲の条件の変化に鋭く反応し、自ら行動を起こしているとも考えられる。例えば、大気中の湿度が上昇すると木材はそれに反応して寸法を変化させる、すなわち膨張する。従来の木材学においては、これらの性質は欠点と見なされ、消去あるいは軽減することに全力を傾けてきたようである。逆にこの反応性、この行動性をうまく利用することを考えたらどうであろうか。木材利用に関する新しい世界が開けて来ないであろうか。若い人たちによる今後の開発研究の展開に期待する。なお、ＡＩによる使用環境変化に対応する材料特性の自己制御も考えられるが、イメージが湧いてこない。

木材利用はティンバーエンジニアリングの世界へ

今、木材利用の技術開発研究は、木造建築・木質構造を具体的、実際的対象物として捉えることにより、大きく変貌し、展開してきた。

昭和40(1965)年代初めまでの本分野における材質研究は、細胞によって構成される直交異方体としての木材、さらには合板や集成材等の木質材料についての単なる強度試験が中心であった。ところが林産の分野で木質構造研究が大きく進展してくる中で、木材強度研究は従来の基礎研究に加えて応用研究として新しい方向も目指さねばならなくなったのである。すなわち、木材(wood)についての強度に加えて、実際に木質構造に使うランバー(lumber)、ティンバー(timber)、そして製材(品)の研究にも移行せざるを得なかった。woodで表現される概念はかなり抽象的で、それは節のない、木目の通ったいわゆる木理通直な無欠点材(clear specimen)を思い浮かべる。それは小試験体にならざるを得ない。ところが実際に建築に使用する柱や梁材は、もっと大きく、当然のことだが節、目切れなどの欠点を有する。このようなフルサイズの木材(いわゆる製材品)についての強度研究が進められていったが、この研究はティンバーエンジニアリング(timber engineering)の世界へ広がって行く。

すなわち、木材が本来的に持っている剛性の不足、材質の変動性、水分変化による収縮、膨張、割れの発生などの使用上の不具合は、人工乾燥材への転換、非破壊検査による強度等級区分、スパン表等の設計仕様の準備、部材接合技術、さらには明快で合理的な構造計算システムの確立等々、ティンバーエンジニアリングを深化せしめることによって対処する。木材利用推進のためにこのような技術開発が学界、産業界において広く進められてきた。

　生物材料である木材の最大の欠点は材質のバラツキが大きいことで、このために設計に乗せることが大変難しい。大工、棟梁の鍛え上げられた腕に頼らなければ適切な加工や施工ができないような材料では、需要拡大に限界が出てくることは明らかであるし、信頼を寄せることもできない。木材を材質変動の少ない、信頼性の高い材料（例えば強度等級区分された製材品、板材を積層接着する構造用集成材等）に変換する技術、そして材質の大きな変動をクリアーする設計システム、利用システムの開発こそ木材の構造的利用促進のための重要課題になっている。

木質材料の種類とこれらを構成するエレメント

　今、木材を細分化して行くことを考える。すなわち、丸太から製材機で角材、板材（挽き板）が得られるし、ロータリーレースに丸太をかければ単板が得られる。破砕機やチッパーで木材チップを、この原料チップをディファイブレーター（解繊機）にかければ木材繊維（wood fiber）を作れる。これらの細分化してできたものの総称をエレメント（element）と呼ぶことにする。挽板からファイバーに至る各エレメントを接着剤で接着すれば（再構成 reconstitute すれば）新しい材料が得られるが、これらが木質材料（木質系材料、wood based material）である。なお、製材の角材、板材は、1個のエレメントからなっているもの、言い換えればエレメントと材料は同じものと解釈する。

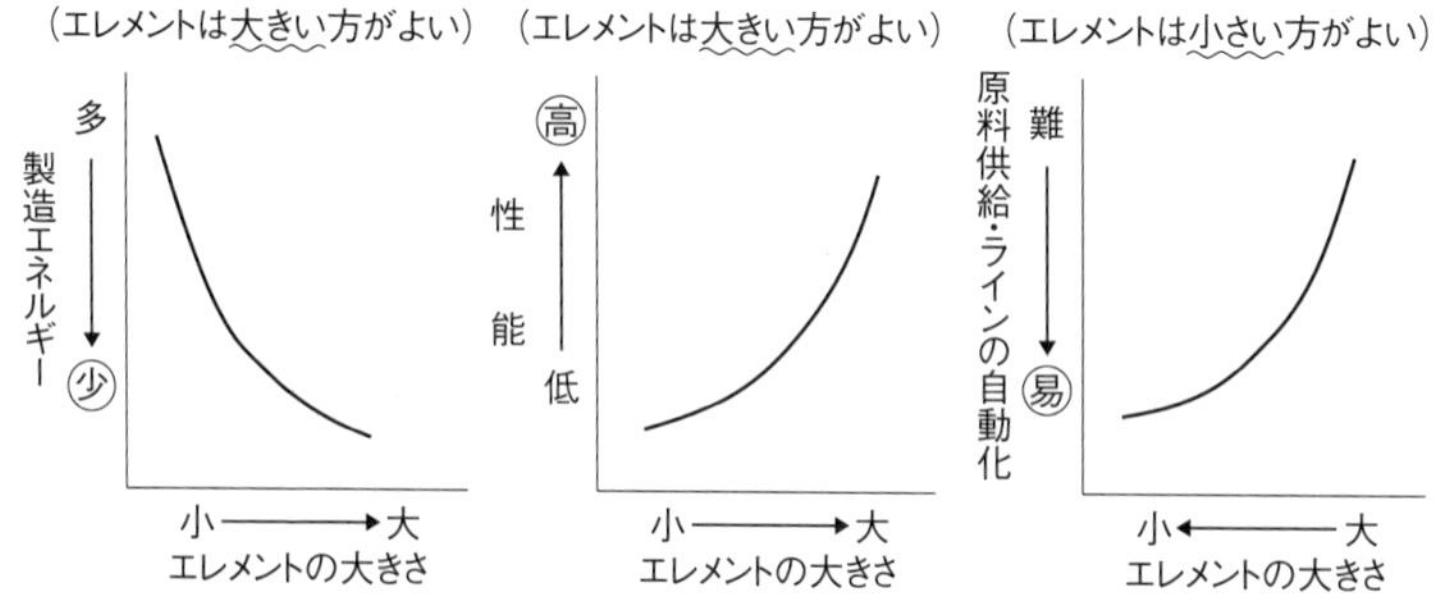

図１　製造エネルギー、製品性能、原料供給とラインの自動化、それぞれの高低度、難易度とエレメントの大きさとの関係

さて、集成材（laminated wood、glulam）のエレメントはラミナ（lamina）と呼ばれ、製材の挽き板である。CLT（Cross Laminated Timber）にあっては、このラミナの一部は繊維方向を直交させて配列するものである。したがって、CLTは集成材の一種であるが、X、Y軸両方向に強度がバランスを取って広がっているので、通常CLTは板状で、床下地板など面状材料的な用途に供せられる。一方、製材は繊維方向に極めて強い棒状製品で通常は軸材料として用いる。

同じように、合板（plywood）、LVL（Laminated Veneer Lumber）のエレメントは単板（veneer）であるが、通常、合板では単板繊維を直交させ、LVLでは平行に配列して積層接着する。したがって、合板は板材料、LVLは軸材料である。木材小片（wood chip、wood particle）をエレメントとするものがパーティクルボード（particleboard）、木材繊維（wood fiber）をエレメントとするものがファイバーボード（fiberboard）である。ファイバーボードのうち比重の高いものがハードボード（hardboard）、中程度のものがMDF（Medium Density Fiberboard）、低いものがIB（Insulation

Board)である。

木質材料を製造することは、これらのエレメントを接着剤で合体することに他ならない。したがって、製造に当たっては、どのようなエレメントを、どのような方法で、どのような形状に再構成(reconstitute)するか、ということが問題となる。高性能製品を、低質原料から省エネルギー的に、安い設備で、大量に製造することが最も望まれるところであるが、制約があることは当然である。どの条件を優先させるか、どの特性を発揮させるか、という判断が重要となる。また、各条件間に関連性があることも当然である。

一例として、エレメントの大きさと製造エネルギー、性能、原料供給・ラインの自動化の難易等との関係を模式的に**図1**に示す。なお、この図では、縦軸の上下方向の取り方に注意してほしい。

製造エネルギーとエレメントの大きさとの関係では、縦軸の上方にエネルギー消費量大を取って、図では右下がりの曲線を当てはめた。エレメントを細かく分割(切削、破砕)するにはエネルギーがかかるうえ、小さなエレメントを結合するには多量の接着剤を要し、その硬化のために高温・高圧の熱圧締が必要であるからである。

一方、製品の強度とエレメントの大きさの関係については、右上がりの曲線を当てはめた。エレメントが大きくなれば、製品の中に木材の繊維方向が長いままで留まることになり、強度が上昇する。木材繊維をぶつぶつに切ってしまったチップから構成されるパーティクルボードよりも、単板という長く繊維が続いているエレメントで構成される合板の方が、強いことは当然であろう。原料供給の難易、製造ラインの自動化の難易とエレメントの大きさの関係については、(難しい程度が高い事象を上方向に取れば)右上がりの曲線関係にある。

一般的に、製品の性能をできるだけアップさせ、製造エネルギーをダウンさせることが望ましい方向であることは当然であるから、これらの図からエレメントはその原料から取れる最大の大きさのものを採用すべきであることが分かる。間伐材等の小径丸太をチップにしてパーティクルボードを作るよりも、何とか工夫して単板を取り、合板・ＬＶＬを作る方がよいことになる。ここに小径丸太用のロータリーレースの開発が進んだのである。

しかし、原料供給の難易、ラインの自動化の難易という条件が絡んでくる。この条件下では、単板よりチップ製造の方が絶対的に有利である。その他、作業性、歩留まりなどの技術的問題、それに加えて製品の価格、市場性などの種々ファクターが複雑に絡み合い、単純に最適条件を探り出すことはできない。ただこれらの条件を俯瞰的に考察することは極めて重要なことである。また、世の中のトレンドとして、今後は低質材利用、廃棄材や解体材利用の重要性は増し、ラインの自動化技術は進展するので、チップなど小さなエレメントを扱う機会は増大するであろう。環境問題の重要性も強く考慮しなければならない。

2節　製材(品)と集成材

近年、住宅を組み立てる軸材料と板材料の両方で製材以外の各種の接着製品、集成材やＬＶＬ、合板やパーティクルボードなどが多用されるようになった。在来軸組構法の柱にさえ北欧からのスプルース集成材が、梁材にはベイマツ集成材がかなりの割合で使用されている。しかし、依然として製材の柱や梁・桁材、そして製材の板材は極めて重要な住宅構成材料であるとともに、その消費拡大は国産材利用推進のための鍵を握っている。ここでは主に柱や梁材などの軸材料として用いられる製材と集成材について考察する。

製材の限界と集成材など接着系木質材料の登場

大きなもの(原木丸太)から小さなもの(製品)を鋸さばきで作って行く製材という加工方式は極めてユニークなものであり、加工エネルギーも少なくて済む。しかし、原木の小径化が進むとこの製材という加工方式では、製品作りに限界が生じてくる。小さな丸太からは太い柱、大きな断面の梁桁材は採れないと言うことである。

また、製材は木材そのもの、天然産物である。鉄やプラスティックのように人間が設計して作り上げたものではない。樹木は柱になるために生長してきたわけではなく、我々はただその遺骸を利用させてもらっているだけである。したがって、利用に際してはその性質を甘んじて受け入れなければならない。樹種による材質の違いはもちろん、同一樹種であっても1本1本性質が違うこと、節の存在状態、含有水分の状態など、極めて複雑である。このことは製材を工業材料として見た場合、鉄などの人工物に比べて実に厄介な代物になる。

ここに、我々が木材そのものである製材とは異なる新しい材料、すなわち集成材のような接着系木質材料を開発してきた理由の一つがある。すべての接着系木質材料について共通して言えることは、前節で述べたように、すべて木材を分割して作るエレメントを接着剤で再構成して作られていることである。集成材のエレメントは厚さ20㎜程度の製材の板(挽き板、ラミナ)、合板のエレメントは単板、ということになる。

集成材は製材の偽物か？　製材も集成材も本物である

集成材を例に取り、エレメントを接着剤で再構成して作る木質材料の意義、利点を考察する。

①原料を細分化することによって、原料の選択範囲を著しく拡大し、低質原料利用、廃材利用、リサイクル利用を可能にするとともに、同じ形状のエレメントを流す製造工程は単純化され、自動生産・大量生産が可能となった。

②エレメントを再構成することによって、製品の形状、大きさ、さらには材質の幅をも広げることができた。ラミナの積層枚数を増やせば製材では得られぬ大断面の集成材が得られるし、この際、節などの欠点を除去あるいは分散させれば製品品質の向上が期待できる。また、一般に構成要素が多くなると製品の品質が均一化し、安定化してくる。

かくして集成材は製材の持ち得ない新しい性質、製造上の利点を獲得することになる。もちろん、側面に接着層が見えてしまうなど製材の美観を低下せしめ、一部の特性を失っていることも事実である。確かに接着剤で貼り合わせて作る集成材は製材のまがい物、偽物であった。しかし、製材の持っていない利点を保持しているのなら、これもまた別の本物と見なして間違いなかろう。両者の特性を生かした正しい使い分けが肝要である。

製材研究は新設研究所の課題とし不適であろうか

さて、大分以前のことになるが、平成7(1995)年に秋田県木材高度加工研究所(以下、秋田木高研)がオープンする時、主要研究テーマを検討する委員会が開催された。私もそれまでの経緯から委員に加わっていたが、この新設される研究所の主要テーマに「スギ製材(品)」を設定するべきかについて、議論が巻き起こったことを印象深く思い出す。なお、本研究所は秋田県が多額の設立資金を投入して新設したもので、現在は秋田県立大学の付置研究所になっている。当然のことだが、県と地域木材産業から大きな期待を寄せられていた。

大きな期待を背に受けて、我々は本研究所を先進的な木材研究所、所長に就任する佐々木光先生の言葉によれば「世界の木材研究所」にするために、議論を重ねたのである。この新設木材研究所の主要な目的の一つとして、いわゆる秋田スギの需要拡大を図ることが採り上げられることは当然であるが、その研究対象として製材そのものを取り上げることについて議論がなされたものと思う。この新設研究所には円筒LVL開発を始めとして木材の加工と利用について技術革新を進める多くのなすべき課題があり、すでに完成している「製材」という製品に新たに取組む人と時間の余裕がない、との空気であった。

私は製材こそ秋田で取組む主要課題だとの思いを強く持っていたし、人工乾燥製材、そしてJAS製品の生産割合が低いレベルで推移していることなど、製材は多くの問題を抱えていることから、これを主要研究課題として設定するべしとする方向の発言をした。佐々木先生も基本的には同じお考えであることがよく分かるのだが、結論を強調されるためにいつものように反対方向から攻めてこられ、2人の議論は秋田木高研の進むべき方向などにも及び、尽きなかった。

会議終了後、佐々木先生は京都へ、私は東京へ当日の夜行寝台で帰ったのであるが、佐々木先生は東能代から大阪行きの寝台「日本海」に乗らず、私の乗る上野行きの「あけぼの」に乗り込み、私の小個室的A寝台に押し寄せてこられ、秋田駅まで2人で激しい議論を続けたことを懐かしく思い出す。昔はこのようによく議論を行ったものだが、最近ではどうであろうか。

その後、秋田木高研では飯島泰男さんなどが中心になり、スギ製材について多くの取組みを行い、業績を積み重ねて行った。

地球環境時代の自然志向、無垢材志向をどう考えればよいのか

話は変わり、これも大分以前のことだが、私が国産材製材協会の総会時シンポジウムに参加した時のことである。国産無垢材の需要拡大を目指して3人のパネリストの方が講演をされた後、日刊木材新聞の石山氏がコーディネートする総合討論が行われた。最後に私は石山さんに指名され、シンポジウムの感想を求められた。突然のご指名で戸惑ってしまったが、私は日頃気に入らない製材界の一部に存在する人工乾燥否定、合板否定、そして集成材否定の動きが頭を過ぎり、その趣旨の発言、シンポジウムの内容に直接関係しない発言、をしてしまった。反省をしているところであるが、考えは今でも変わらない。ちなみに、国産材製材協会は製材の品質向上と需要拡大に努力されている協会であり、集成材を否定しているものではない。

ただ、地球環境時代を迎え、国民の中に環境保全、安心・安全・健康志向、そして木の文化、緑等への憧れのような気持ちが生じてきており、それが木造住宅建設に際して自然志向、無垢材志向、大きな断面材志向、伝統木造志向につながって行くのは自然の流れであろうが、さらに進んでティンバーエンジニアリングそのものを否定する方向に動くことを危惧しているのである。ティンバーエンジニアリングの象徴としての人工乾燥、厚もの合板、もう一つの本物である構造用集成材を否定する方向は、木材利用、そして国産材利用の衰退につながると考える。

3節　合板、私の研究生活の出発点にあったもの

平成29(2017)年11月2日、私は第5回「合板の日」功労大賞として感謝状と記念碑を林野庁 沖修司長官からいただいた。この賞は、明治40(1907)年11月3日に浅野吉次郎氏が日本で最初に合板を製造した日を記念して設定され、公益財団法人PHOENIX木材・合板博物館、日本合板工業組合連合会、日本合板商業組合等が主催するもので、当年は第5回目に当たる。私は今まで木材学会賞、日本農学賞、紫綬褒章などをいただいているが、本賞受賞を一番うれしく感じ、そしてこれが最後にいただく賞だと感激している次第である。

本賞受賞に私が特別の思いを抱くのは、私の研究生活のスタートが合板の強度試験であったこと、最初に書いた論文ペーパーが合板の面内せん断試験(panel shear test)に関するものであったこと、そして学位論文のテーマが「合板の機械的性質に関する研究」であったことによる。私の木材研究者生活の基本に「合板、この優れもの」が存在する。

私の学位論文「合板の機械的性質」の主要部分

ここで、私の学位論文の主要部分にほんの少しだが触れさせていただく。

前節で示したように、合板を構成するエレメントは単板(veneer)で、合板は単板の繊維方向を互いに直交させて積層接着して成板する。通常、図2に見るように、板の厚さ方向について中央面に対して対称になるように単板を構成する。これは湿度変化等によって発生する単板の収縮膨張のバランスを取って、板の反り、狂い発生を防止するためである。したがって単板の積層数(プライ数)は普通奇数枚になる。なお、図2は本節において、合板の曲げ剛性の式を展開していくときの単板構成の表示法を単板積層数 $n=5$ プライ合板について例示している。

なお、この図では接着層は表示していない。単板間の接合面には接着剤が塗布されているが、接着剤は上下両単板内に浸透していき、そこに木質部と接着剤が混じった層を作るが、これを接着層とし、その厚さを tr としている。したがって、ここでは上下の単板は接触していることを前提としている。

さて、合板の曲げ剛性を解析するにあたり、合板を n 枚の単板で構成される複合材と考え、複合材の曲げ剛性の基本式　$EI=\sum e_i I_i$ を n プライ合板に適用する。ここに、E、I：それぞれ合板の曲げヤング係数、合板の断面2次モーメント、e_i、I_i：それぞれ i 番目の単板(あるいは接着層)の曲げヤング係数、i 番目の単板(あるいは接着層)の中立軸に対する断面2次モーメント。この場合、単板

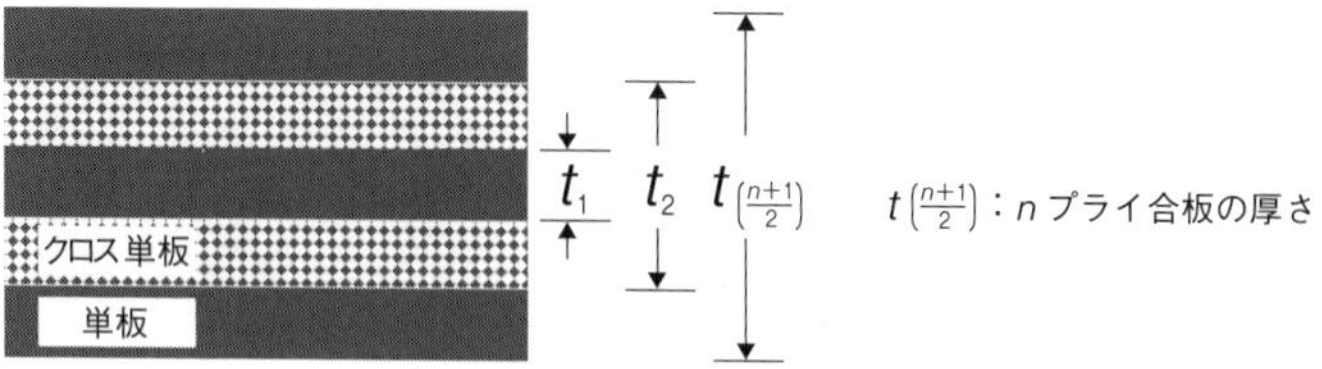

図2　合板断面の単板構成の表示法（$n=5$の場合）

表板の繊維方向に平行方向にスパンをとって曲げる場合、

$$E_1=e_1-(e_1-e_2)K_2+3tr(2er-e_1-e_2)K_3$$

表板の繊維方向に直交方向にスパンを取って曲げる場合、

$$E_2=e_2+(e_1-e_2)K_2+3tr(2er-e_1-e_2)K_3$$

この2つの式をプラスマイナスすると

$$E_1+E_2=(e_1+e_2)+6tr(2er-e_1-e_2)K_3 \qquad (1)$$

$$E_1-E_2=(e_1-e_2)\ (1-2K_2) \qquad (2)$$

ここに、

E_1、E_2：合板の表板繊維方向にそれぞれ平行、直交する方向の合板の曲げヤング係数。

e_1、e_2、er：それぞれ単板の繊維方向に平行、直交する方向および接着層の曲げヤング係数。

K_2、K_3：単板構成によって定まる係数、次に示す式で計算される。

$$K_2=\sum_{i=1}^{\frac{n-1}{2}}(-1)^{\frac{n-1+2i}{2}}\cdot t_i^3/t^3_{\left(\frac{n-1}{2}\right)},\quad K_3=\sum_{i=1}^{\frac{n-1}{2}}t_i^2/t^3_{\left(\frac{n+1}{2}\right)}$$

図3　合板の曲げ剛性式の展開と整理

構成が中央軸に対して対称構成であることが重要である。計算を進めて行くと、式は図3のように整理される。

(1)、(2)式を見ると合板の表板の繊維方向のヤング係数E_1と繊維に直交する方向のヤング係数E_2を加え合わせると単板構成によって決まる(計算される)係数K_3と一次式の関係にあり、引き算すると同じく単板構成によって定

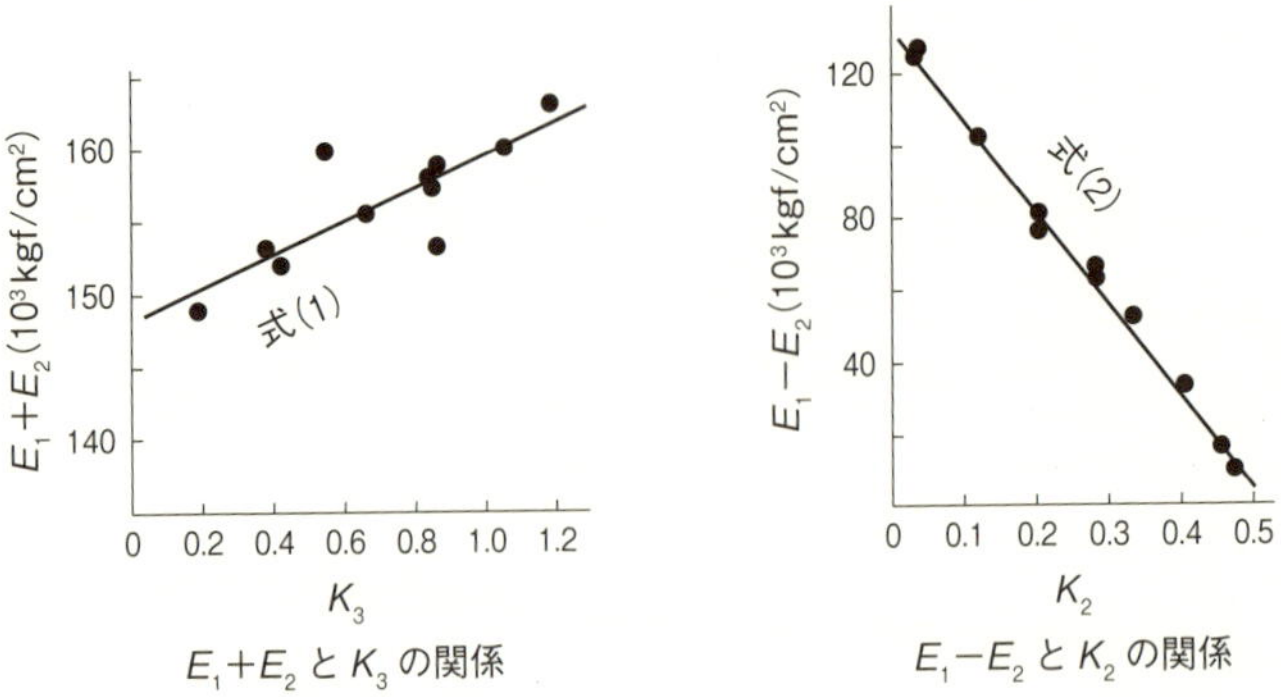

図4　E_1+E_2 と K_3、E_1-E_2 と K_2 の関係（直線に当てはめて実験式を導く）

まる係数 K_2 と一次式の関係にあることが分かる。

11種類の単板構成のラワン合板（樹種はバグチカン Bagtikan: *Parashorea Malaanonan* Merr.）を多数製造し、曲げ試験を行って E_1、E_2 を測定した。各合板について E_1+E_2、E_1-E_2 を計算してこれを縦軸に取り、それぞれの単板構成について算出した K_3、K_2 を横軸にとってプロットすると図4が得られた。

この図を見ると、明らかに E_1+E_2 と K_3、E_1-E_2 と K_2 は直線関係にあり、理論式(1)、(2)が良くあてはまることが分かった。

実験式の勾配、切片の値等から合板を構成している状態での単板と接着層のヤング係数、接着層の厚さ等が算出されるが、これらの値について考察を進めた。さらに試料合板について圧縮、引張、パネルシアー、ローリングシアー等の試験を行い、ラワン合板の機械的性質につて総合的に考察を行った。

実験結果を7編の論文にまとめ、木材学会誌に投稿した。そして学部卒業後6年経過した昭和41（1966）年に入って学位論文に書き上げ、農学研究科に提出し、同年11月に学位が授与された。学位審査会では、本論文は比較的高く評価されたように思う。木材化学の大御所右田伸彦先生には、考えが理路整然としていてよくまとめられている、とのお言葉をいただいたのを今でも覚えている。先生とまともにお話しできたのはこの時が初めてであった。後日、平井信二先生は導入した式は実地に使えるのではないか、企業に売れるのではないか、と述べておられた。確かにある企業の人の話では、私が導いたこれらの式を現在でも使っているとのことである。

このようにして私は、ニチハの工場現場から大学に戻り、研究業績ゼロから大学教官生活をスタートしたが、6年間で研究者としての免許証、パスポートである学位を取得したのである。実験研究の対象物として「合板」という材料を取り上げたことは幸運であった。合板が理論式に沿う強度特性を示すことについて、私は、構成エレメントである単板に存在する裏割れが効果を発揮しているのではないかと考えている。単板は繊維方向には強いが、直交する方向には裏割れが入っているので極めて弱い。この構造が内部応力の発生を抑えているために強度上素直な特性を保持しているように想像するが、この件については理論的に詰めてはいない。

大学の地下大実験室で旧型の実験用ホットプレスを使って大量に試験用合板を何日もかけて製造したが、台湾の呉順昭さんなど研究室の皆さんが大勢で手伝ってくれたこと、夏季、冷房のない木工室(現在の5号館が建っている場所にあった実験室兼木工室)で旧式のアムスラー強度試験機を使って大汗をかきながら強度試験を繰り返し、事務の相沢栄子さんからプールから上がってきたようだと言われたこと、など今でも鮮明に覚えている。

【合板】：エレメントは単板
＊丸太からロータリー切削して剥き出した単板
⇒　歩留まり高く連続して平らな幅広で繊維方向に長い板状物が得られる
⇒　太く通直で完満、切削容易な丸太を使いたい　→　原木の選択性大
⇒　裏割れ発生　→　合板の表面割れ発生、ローリングシアー強度低下へ
→　人工乾燥効率アップ、内部応力発生を低下せしめる
＊単板は長く連続した木材繊維を保持する　⇒　合板は強度大
＊単板接着は平滑な面同士の接着　⇒　合板は接着力大、耐水性大
⇒　プレス工程は低圧締力でOK　→厚み減り小、厚さ膨張小、軽量
→　表面の圧密化小　→　表面割れ発生
＊要単板調整、工程中で動かしにくい　⇒　ラインの自動化に限界あり
→　装置設備費小、製造エネルギー小、小規模生産可
→　山元で単板製造も可　→　地域林業との結び付き

【パーティクルボード】：エレメントは木材小片（チップ、パーティクル）
＊間伐材、林地残廃材、工場廃材、建築廃材等を切削、破砕した木材チップ
⇒　原料の選択性小（何でも使える）、廃材処理、リサイクル促進、
間伐促進、環境保全
＊エレメントの調整不要、工程中で動かし易い
⇒　自動化、大量生産、連続生産可、生産性大、厚物・大判板製造可
→　設備費大、製造エネルギー大、大規模生産適
＊不整なエレメントを接着
⇒　高圧締圧、大量の接着剤を要す　→　高比重化、厚さ膨張大、耐水性小
→　表面の圧密化　→　表面割れ発生せず
＊ぶつぶつ切れた小さいエレメント
⇒　繊維が長く続かない →　強度小、厚さ膨脹率大、耐水性小

図5　合板とパーティクルボードの比較

合板とパーティクルボードを比較する

前節で述べたように、合板を構成するエレメントは単板である。このエレメントは、丸太を回転させて側面に大きな刃物を当ててかつら剥きして連続的に得られる。ロータリー切削である。単板は平らで大きく広がったユニークなエレメントである。一方、パーティクルボード（以下PBと表す）を構成するエレメントは、間伐材や林地残廃材、工場廃材、建築廃材等を切削、破砕して作る木材小片（wood chip, wood particle）である。

すでに前節でエレメントの大きさ

についてモデル的にそれで構成される材料の特性を考察しているが、ここでは具体的に合板とＰＢを取り上げ、これらエレメントの形状、特性の違いが、それで構成される材料の製造法、材質にどのように影響を与えているか、考察してみた（図５）。

図のように両者の長短所は相反する点が多く、長短所を考慮した賢い作り分け、使い分けが重要であろう。ありていに言えば、合板は軽量で強度が高く、耐水性に優れているが、原料丸太の選択性が強い。また表面の干割れ発生に注意を要す。一方、パーティクルボードは一般に比重が高く、強度、耐水性が合板に比べて劣る。原料については、合板は選択性大であるけれどラワン丸太依存から国産造林木であるスギ丸太への切り替えが順調に進行しているようである。パーティクルボードは低質材、廃材利用、リサイクル利用の受け手として重要性が増している。大まかに言って、合板は構造用、建築用途に、パーティクルボードは床下地としての用途も広がってきたが、主用途はやはり家具用であろう。

このような中で、私は、軽くて強く、耐水性の高い合板が材料としての「優れもの」の地位に君臨するものと考えている。耐水性合板をヨットの構成材料に使えるが、ＰＢを水のかかる恐れのあるヨットの構成材料に使ったら危険である。ＰＢは水のかかる部位に使ってはならない。

そして合板の今を支える技術開発として、名南製作所の外周駆動ロータリーレースの開発、さらに森林総合研究所神谷チームのスギ厚物合板の用途開発研究に敬意を表したい。

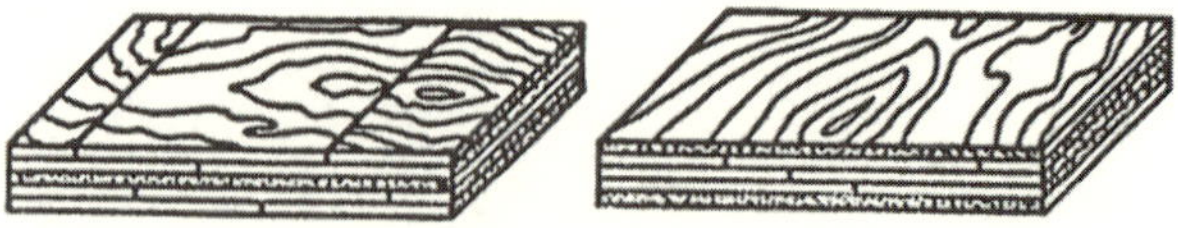

図６　短尺単板で作るLVBの単板構成

低質丸太からの合板製造——ＬＶＢの開発

その後、ラワン合板製造の先行き不透明感が増大する中で、国産スギ造林木からの合板製造が喫緊の研究課題となって行った。私も合板の強度試験に一段落をつけると、小径丸太、曲がり材など低質丸太からの合板製造に取組んだ。

小径丸太や曲がり材をロータリー切削するためには、切削のスパンを短くせざるを得ない。すなわち、得られる単板は短尺単板となる。この短尺単板から合板を作るためには単板の縦継ぎが必須事項となる。スカーフジョイント(scarf joint)は歩留まりが下がりその上スカーフ加工という手間が追加となり、さらにその接合強度を保証しなければならない。そこでバットジョイント(butt joint)で行くことにした。当然バットジョイントの接合力はゼロであるが、単板を繊維方向に平行に複数枚重ねて配列した各層にあるジョイント部をずらせて積層接着すれば、接合部の上下の単板がその部分で健全であることで全体の強度は保証される。繊維方向を平行にして積層する単板の積層方向で縦継ぎ部がずれる規定を設定して合板を作ることにした。単板構成を図６に示す。

このような単板構成材料について、単板の仕組みにロボットを導入した連続生産ラインが橋本電機工業によって試作され、その実用機が野田合板の富士川工場に導入されていたことがある。私もこのラインが稼働しているところを一度見た覚えがあるが、その後見たことも聞いたこともない。残念ながら長くは続かなかったようである。単板を掴んだ(吸引して持ち上げた)ロボットアームの回転角度によって直交・平行単板を仕組んで行く方法では、生産速度が上がらなかったのであろう。

なお、この単板構成材料をＬＶＢ(Laminated Veneer Board)と名付けたが、合板の一種と考えてよかろう。一方、産業界ではＬＶＬ(Laminated Veneer Lumber)においてクロス単板が添え板、添え芯板として挿入されるものをＬＶＢと言うことがある。私は、ＬＶＢは板材料であり、合板の一種(単板構成が特殊)として命名したつもりであるが世間で意味が取り違えられているようである。それでも30年も時間が経った今、未だにＬＶＢという言葉をたまにでも聞けることはうれしいことである。

私の小径丸太用ロータリーレース開発失敗小話

我が国における熱帯産ラワン丸太を原木とするいわゆるラワン合板の製造が厳しくなり、原木はスギを中心とする国産丸太に切り替えねばならない時代が到来すると、当然のことながら小径木用ロータリーレースの開発が活発に行われるようになった。名南製作所を中心とする外周駆動型レースの開発、実用化はエポックメイキングのことであり、これによる国産材合板製造は格段に増加した。このレース開発が国産材利用率アップに大きく貢献している。

外周駆動ガンギロールによって発生する単板表面の割れ発生を犠牲にして、それによる丸太への動力伝達メカニズムを採用した名南製作所社長長谷川克次さんの英断は合板製造の時代を変えるものであった。単板の表割れは、合板表面の割れ発生を促進している恐れはあるが、単板の繊維に直交する方向の柔軟性を増加せしめ、先に述べたように合板の内部応力発生を低下せしめ、合板の反り、狂い発生を抑制している効果が期待される。単板の繊維に直交する方向に発生する表面割れは、構造的用途には何ら問題なく、むしろプラス効果が期待できるものと考える。

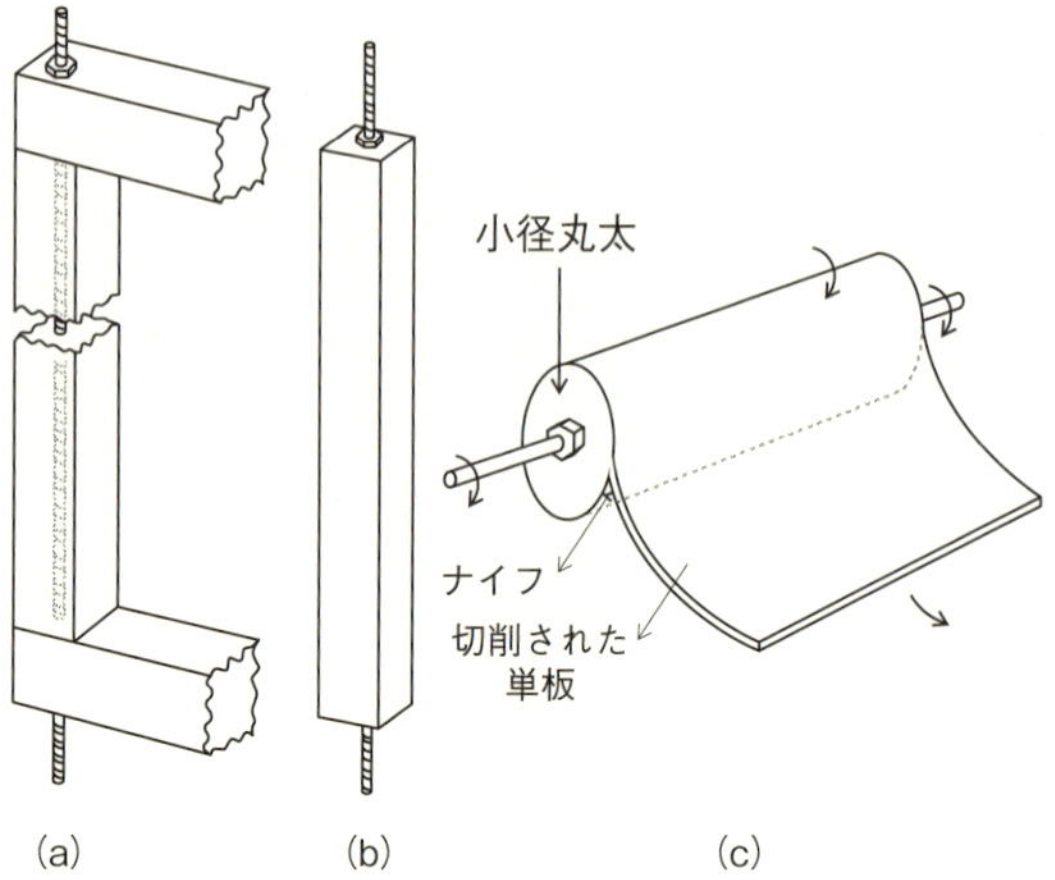

図7　鉄心ハウスの軸組(a)、軸ボルト挿入柱(b)、鉄棒挿入丸太のロータリー切削(c)

さて、私は、木材加工機械は専門外で知識に欠けるが、小径丸太からの合板製造については強い関心を持っていた。すでに短尺単板から製造する合板（LVB）については本節で記述した。そして小径丸太のロータリーレース切削についても、この時代に南機械㈱の小南大夫さんと協同実験を行っていた。その装置について触れておく。

当時、ある夏の日、私は北海道旭川にある鉄心ハウス㈱の加工工場を見学した。鉄心ハウスは在来軸組構法であるが、柱と梁の結合に、柱の断面中央に軸に沿って孔を開け、ここに長軸ボルトを通して柱と梁、横架材をボルト締めして結合する構法である。この柱に孔を開けて長軸ボルトを通す工程を見て、私は小径丸太の中央に孔を開け、この孔に鉄棒を挿入して丸太と固定してロータリー切削を行うことを考えた。この鉄棒に動力を加えて丸太を回転させるのである。鉄棒の剛性が大きいので切削中丸太のベンディングを抑制し、より小径になるまで切削が可能になるものと考えた。このときは外周駆動についてはまったく頭になかった。

鉄心ハウスの軸ボルト挿入柱と鉄棒挿入丸太のロータリー切削を図7に示す。

新横浜駅近くにあった南機械㈱の工場で、ロータリーレースのチャックに鉄棒の両端を掴ませ、丸太を回転させて切削を行った。しかし、今その結果についてのデータが見つからず、頭の中にも実験の成否についての残影が残っていない。小南さんもこの実験を評価しなかったのであろう。少し残念な私の「小径丸太用ロータリーレース開発失敗」小話である。

4節　木質ボードの展開と課題

今、なぜ木質ボードなのか

環境保全、リサイクル利用の推進が大きな関心を呼ぶ中、木質ボード類への期待が高まっている。今、なぜ、木質ボードなのか、ここでは木質材料製造、利用の基本に戻って考察してみたい。

さて、我が国では昭和20(1945)年代末からいくつかの木質ボード製造大規模工場が建設されて木質ボードの本格的工業生産が始まり、それ以来60年余の歴史を重ねてきている。それはまさにラワン合板との競合の歴史であった。奇しくも我が国で合板が製造されてから110年が経過しており、兄貴分の合板に押されっぱなしの60年であったといっても過言ではなかろう。日本では長い間合板7割、木質ボード3割の需要であった。ところが次に述べるように、今後の需要に変化が生じることが見えてきている。

すでに述べてきたように、木質材料は構成エレメントが小さい方が、低質木材資源の利用、リサイクル利用、さらに製造ラインの大型化、自動化、そして製品形状を幅広く取れること、加えて材質制御の可能性があること、等々より効果的である。

したがって、木質ボード類は単板という比較的大きなエレメントで構成する合板よりも、上記の条件をクリアーする可能性を有する点でより優位である。特に、森林整備により出てくる間伐材等低質木材資源の有効利用推進を謳う温暖化対策への関心の高まり、建設リサイクル法の施行による建築解体材利用の義務付け、違法伐採禁止による合板適材の南洋材、北洋材流通の制約、厚い面材利用を推進する安全で居住性の良い住宅工法への志向の高まり、そして材質・価格の安定性向上への期待等々木質ボード類への追い風は勢いを増しており、合板に比べてその優位性は大きくなってきている。

木質ボードの課題

木質ボード類の未来に明るさが見えてきているが、考慮しなければならない問題点、解決を要する課題も多々背負っている。

(1) 原料問題

原料チップの供給条件と木質ボード生産は非常に深い関係にあり、原料の動向が木質ボード工業に大きな影響を与える。木質ボードの原料はもともと小丸太、製材端材であった。その後、ラワン合板工場の廃材がメインの原料になっていった。合板製造ラインの横にボード製造ラインがあり、合板製造そのものがボード原料生産になっていた時代であった。現状は建築解体材の使用割合が高くなってきている。種々の条件の解体材を効率よく使いこなせる技術が確立してきたものと考える。将来は低比重の早生樹造林木の使用も増えてくるであろう。どのような原料も使用できる技術の確立を要する。

木材チップを原料とする紙パルプ工業は極めて大きな産業で、その動向を原料チップの奪い合いという面で注意しなければならない。また、廃材や残材を乾燥などのエネルギー源として用い、さらに木くず発電も進んできている。電力会社が発電量の1・35％を新エネルギーで賄うというRPS法があり、本格的にバイオマス発電が開始されると、そのエネルギー使用量は莫大なものになることが予測され、その動向は危険である。またバイオエタノール製造も大きな関心が寄せられ、原料として木材チップが使用される可能性も出てきており、注意しなければならない。

(2) 材質の向上

前節で示したように、小さくて形状が不整な木材小片の接着と滑らかで平らな面状の単板を接着する場合を比較すると、後者の方が低い圧締力で、しかも少ない接着剤でより強力な接着が得られることは当然である。このことはPBが合板に比べて強度、耐水性に劣り、厚さ膨張も大きくなる原因である。ホルムアルデヒドの放散も多くなる。高比重化も利用上嫌われる。低圧締圧で強力なチップ間接着力を得る技術の開発が望まれる。

(3) 木質ボードは本当に地球環境への負荷が小さい製品か

確かに木質ボードは廃材利用、解体材利用、リサイクル利用を実現する点でエコマテリアルと言われている。しかし、製造エネルギーは製材、合板に比べてはるかに多く、製造装置は極めて大掛かりなものになり、高額になる。

このことは製造におけるCO$_2$放出量が多く、地球温暖化防止に逆行することである。また接着剤使用量が合板よりはるかに多いことは問題である。

今後の展開の方向

木質ボード類の発展を考えるとき、その特性をよく理解して最大限に発揮できる方向を探るべきであろう。PB、MDF共通の特徴として厚いボードが容易に得られることが挙げられる。床材料に使用したときの高い剛性、断熱性、遮音性等の居住性の良さ、何よりもしっかりして丈夫な使い心地を与えることは重要である。また、HBも加えてこれらのボードの面内せん断剛性率が合板よりも5割も大きいことを生かしたい。耐力壁面材として、合板と同じ厚さのボードで5割も大きい壁剛性が得られることを意味する。ただし、その分、枠材との接合に注意を払わねばならない。ファイバーボード系の材料は表面が平滑で、表面割れが発生しない。オーバーレイ加工、塗装する内装仕立ての下地材として最適である。

一方、IBは吸湿性が高く、空隙も多いので断熱・吸音性も高い。この特性を生かして内装材としての使用を再考したい。なお、IBは湿式法で漉きあげるので接着剤無しで製造できる環境負荷の少ない製品でもある。IB利用の一段の推進を図りたい。

木質ボードは何年もつか

木質ボードは何年使えるか、10年後の強度はどのくらい低下しているか、という構造設計上必要なデータが現行の耐久性評価試験では得られないことは大きな問題である。このことに関し、私が今から45年ほど前にオーストラリア・メルボルンのＣＳＩＲＯ建築研究所で行った実験についての昔話を披露したい。

Ⅰ章3節で述べたように、私は昭和46（1971）年9月から翌年7月までＣＳＩＲＯ建築研究所でパーティクルボード（以下ＰＢ）の新しい耐久性評価試験法開発について実験を行った。このテーマはＣＳＩＲＯの方で私のために用意していたもので、実際使用においてボードが受ける劣化因子と促進処理でボードが痛めつけられる条件の同一性を追求するものであった。

オーストラリアでは、当時、ＰＢを床下地材などの構造的用途に使うことが進展してきており、材料が何年もつか、10年後の強度や弾性率が何程になるかという設計上の数値が強く求められていたのである。またタンニン接着剤によるボードが工場生産を開始し、その他ウレタンやエポキシ樹脂など新しい接着剤が登場してくる中で、温水処理や煮沸処理によってフェノール樹脂とユリア樹脂を区分するシステムに基本をおく促進処理評価法に問題が提起されていたようである。

私の実験は、常温水蒸気存在下でＰＢに繰り返し曲げ荷重を加え、曲げ性能の低下（たわみの増加、残存強度の低下）、破壊までの繰返し荷重回数等を測定するもので、最終的には繰り返し荷重回数を実際使用の年数に換算することを目的としている。なお、ここでは繰り返し曲げ試験は、実際使用においてボードに働いてチップ間接合力を劣化させる外的因子と同じ作用を付与するものと考えている。

したがって、実際使用における性能低下曲線と繰り返し荷重の回数による性能低下曲線を合わせれば、繰り返し荷重回数を実際使用年数に換算することが可能となる。もちろん、使用条件によって性能低下曲線は変化することを考慮する。なお、繰り返し曲げ試験において、試験時間短縮という促進効果は、荷重と荷重速度を大きく取ること、試験体の含水率を上げることによって実現する。現行のJIS、JAS試験における煮沸処理・温水処理による促進試験は、アレニュウスの反応速度論に根拠をおくもので、実際使用と同一レール上を走るものではない恐れがある。またこれらの処理では、使用中の強度低下の程度を知ることができない。

私は滞在10か月で帰国することになってしまったので、この実験は中途半端で終わってしまった。帰国後、岩手大学へ行った関野登さん、台湾からの大学院留学生であった林燦輝さん等が階段の段板にボードを張り、実際使用における強度低下を測定して論文にまとめたが、私が当初意図していた「PBは何年もつか」という議論を惹起するに至らなかった。オーストラリアでもこの実験が新しい耐久性評価法に結びついたとは聞いていない。残念である。

木質ボードのJIS、JASをはじめすべての接着耐久性試験は、依然として煮沸・温水処理（加圧、減圧処理を含めて）による接着層の劣化を測定するものであり、促進処理と実際使用の劣化因子間に正しい同調があることを保証するものではない。さらに、10年使用後の強度低下、弾性率低下を評価することはできない。ボードの構造的利用が進展する中で、耐久性評価法に関する新しい技術開発の進化を期待する。合板、集成材、ＬＶＬ、ＣＬＴ等の耐久性能評価についても同様である。

5節　合わせ材の展開による製材と在来軸組構法の合理化

戦後、営々として進めてきたスギを中心とする人工造林は充実度を高め、今、まさに利用の時代を迎えている。そして2020年開催東京オリンピック施設の建設、クリーンウッド法の施行など木材利用の展開に追い風も吹いて来ているとも言われているが、未だその流れが噴流のような様相を呈する域には達していない。国産材50％超などその目指すところを確かなものにするためには、発想を新たにしてスギ材利用に関する新技術開発研究を推進するとともに、我が国における木材利用の流れを根本から見直し、これを再編することが必要であると考える。

再編、改革の基本と合わせ材の登場

再編、改革の基本は、スギ厚板生産と利用を我が国の林業と木材産業、そして木造建築の中心に据えることにある、と私は思っている。このお手本は、まさにツーバイフォー材（規格化されたディメンションランバー）と枠組壁工法（以下、2×4工法と記す）を中心にして動く北米の林業・製材・木造建築の流れの中にある。以下、この方向に沿って我が国の木材利用の再編を考える。

北米における主要樹種であるベイマツ・ベイツガ等のいわゆる北米材に対峙する我が国の主要樹種は造林スギ材であることは明らかである。そして、それらを用いる建築工法として北米における2×4工法に対応する我が国の工法は在来軸組構法であることも明確である。ここに米材に対する国産造林スギ材、2×4工法に対する在来軸組構法という簡単明瞭な構図が浮かんでくる。

そして、再編の中身は、北米における米材からツーバイフォー材を製材し、それを用いて2×4工法建造物を建設する北米の木材の生産と利用に見られるシステムの効率性、合理性、すなわち、使用木材の規格化(ディメンションランバー化)、高度人工乾燥材化、工法の単純化とオープン化等の改革を、我が国における造林スギ丸太から在来軸組構法に適する部材を生産し、それを用いる在来軸組構法建造物を建設する仕組みの中で実現するところにあるものと考えている。

上記の改革を実現するためのキーポイントは、スギ材をして在来軸組構法を組み立てる最適な共通部材に変換することにある。そしてここでは、スギ厚板2～4枚を貼り合わせる構造用スギ集成材を作り、これを軸組構法軸材としてシステム的に用いることを考えるのである。我々はこの2～4枚合わせの構造用集成材を「合わせ材(combined wood)」と呼ぶことにした。合わせ材の登場である。

スギ生産日本一を続ける宮崎県木材利用技術センターで本研究開発に着手してからすでに20年近く経過してしまった。この間、私は宮崎スギシンポジウム(2011・11・10)、つくばで開催された21st IWMS(国際木工機械シンポジュウム2013・8・5)等で合わせ材をテーマに基調講演をさせていただいたが、大きな関心は得られなかった。確かに一時期スギ合わせ材開発への関心が少しずつ高まり、

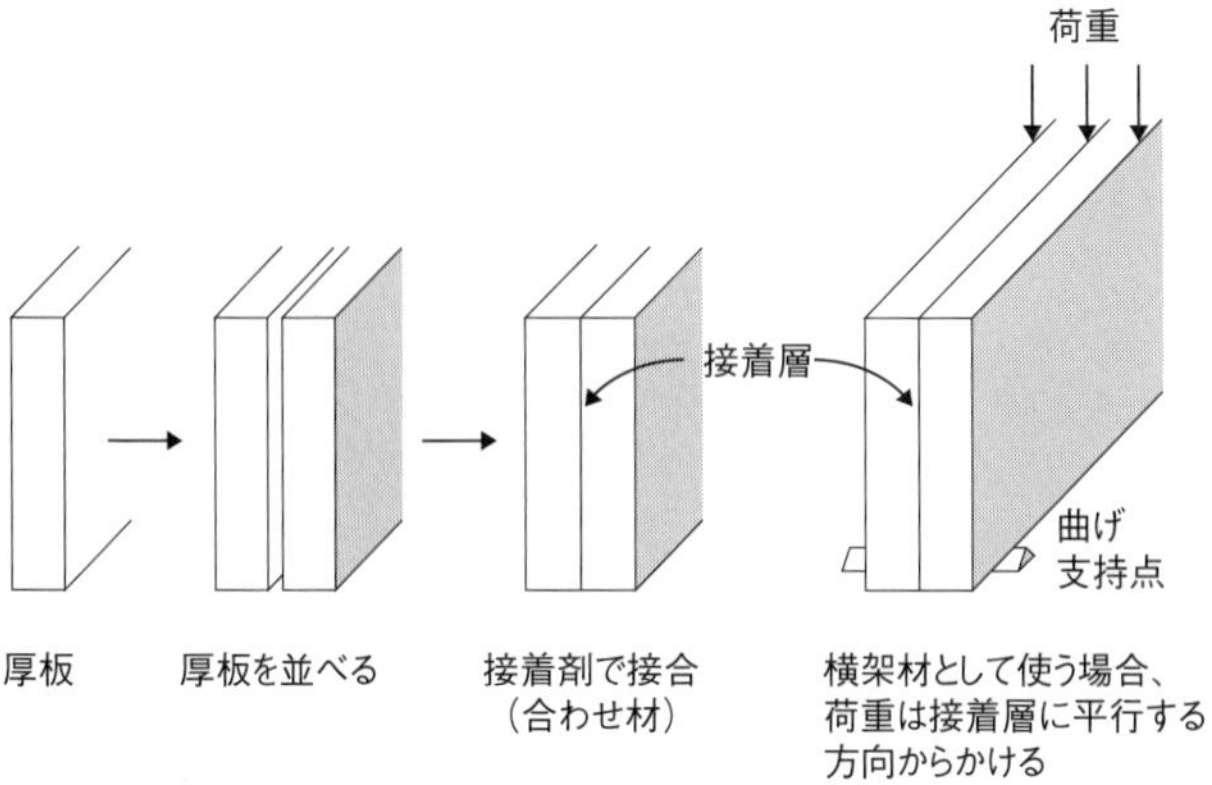

図8　スギ厚板（スギ製材挽板）から合わせ材へ――2層合わせ材の場合

商品としての姿も見せ始めたこともあったが、最近では極めて低調で「合わせ材」の話を耳にすることもなく、姿もあまり見ることもなくなってしまった。極めて残念である。

ここでは「合わせ材」のカムバックとその展開による我が国の林業の再生、そして木材産業の躍進を祈念して、合わせ材理論を書き記しておきたい。

合わせ材とは

「合わせ材」は、**図8**に示すように丸太から製材し、乾燥・修正挽きした厚さ25㎜～40㎜程度で等厚の厚板ラミナ2～4枚を接着剤で接合した構造用集成材である。通常の構造用集成材との違いは以下に詳述するが、ラミナが厚くて積層枚数が少ないこと、梁桁等の曲げを受ける横架材として用いるときにはラミナは**図8**に見るように縦使い（曲げ荷重の向きが接着層に平行）になること、言い換えれば長方形断面（平角材）においては長い方

図9　スギ合わせ材（左）と人工乾燥スギ平角材（右）の断面写真（断面寸法 120mm × 300mm）

の辺に接着層が平行となるように配置することである。

スギ合わせ材は、本来的には構造用集成材である。したがって、スギ製材の正角材や平角材が保持しない、次の2つの大きな優位性を通常の構造用集成材と同様に保持している。

①平均含水率12％以下に（含水率傾斜小さく）人工乾燥され、しかも割れ、反りねじれが生じていない、いわゆる高度乾燥材である。厚さ25～40㎜程度に挽いたスギ厚板材の乾燥は、スギ製材の正角材、平角材の乾燥よりもはるかに容易である。**図9**は、同一断面（120㎜×300㎜）のスギ製材平角材とスギ合わせ材（3層）を比較したものである。この写真に見るように、スギ製材平角材では高い技術で人工乾燥条件を調整して表面割れ発生を抑制しているが、それでも内部に割れが生じていることが見て取れる。これに対してスギ合わせ材ではまったく割れが発生していない。在来軸組構法の梁桁材等に使う平角材としては、この点だけでも合わせ材の方が製材無垢材よりもはるかに優れた部材であることは明らかである。

②強度等級区分材である。正角材・平角材よりも厚板の方が製造ラインの中で連続的に、高速度で

強度等級区分機（ストレスグレーディングマシン）に掛けやすく、ラインから出てくる厚板ラミナに強度等級をマークあるいは刻印し、強度等級ごとに分別・堆積することができる。この強度等級に基づいて合わせ材の断面設計を行い、通常の構造用集成材と同様に合わせ材に強度等級を表示することができる。

通常の構造用集成材との違い

(1)ラミナが厚くて積層枚数が2〜4枚と少ない

スギ合わせ材を構成するラミナは、一部を除いて通常の集成材ラミナよりも厚い。したがって、このラミナは剛性も高く、それ自体で間柱や階段材、床材、さらには各種造作材、足場板、家具材、デッキ材、ＤＩＹ材等に幅広く使用可能な共通材である。スギ厚板の市場は極めて大きく、全国共通の大型商品となろう。枠組壁工法に用いるツーバイフォー材（厚さ38㎜）とも共用できる。

なお、合わせ材製造では、構成ラミナが厚くて構成ラミナ数が少ないので接着層の数が減り、通常の集成材製造よりも接着剤使用量が少なくて済む。このことはコスト削減、ホルムアルデヒド放散量低減につながる。

(2)厚板ラミナは縦使いされる

一般の横架材用集成材では、曲げ荷重に対して接着層は垂直をなす。これに対して厚板ラミナ2、3枚で構成される合わせ材は、すでに述べたように、ＪＡＳによってラミナを縦使いすることが規定されている。このようなラミナ構成では、曲げ剛性は厚板剛性の総和にしかならず、ハイブリッド集成材のようにラミナの積層効果を発揮できない。しかし、以下に示すように、ラミナを縦使いするメリットは大きなものがある。

《接着層が鉛直方向に走るので部材側面に接着層が現れない》

室内に軸材を現しで使って製材無垢材の美しさを演出できる。梁桁材、胴差、まぐさ、そして柱等の側面を室内へ現しにする木造独特の美しい内装仕立てを可能とする。真壁造の場合、部材を室内側に表層ラミナの厚さまで出っ張らせることができる。通常の集成材の場合では（柱を除き）側面に接着層が見えてしまい、好ましくない。

せいの高い合わせ材を側面から眺めると、後掲の図11に見るようにまっすぐに伸びてボリュウム感もあり、銘木のように美しい。この美しさを住宅内装にもぜひ生かしたい。合わせ材は集成材でありながら極めて製材無垢材に近い材料と言えよう。

《断面形状を規格化（デイメンションランバー化）しやすい》

梁、桁、胴差、柱、筋交いなどの軸組材に用いる合わせ材の厚さ（ラミナの積層方向の長さ、合わせ材の幅というべきか）は、ラミナの厚さと積層数（プライ数）によって定まるが、一つの系の中では通常は105㎜あるいは120㎜など、どの製品も同一なものになる。一方、この幅方向に直交する方向、すなわち、せいの方向の長さ（材せい）は、使用する厚板の大きさによって種々の寸法が取れる。そこで材せいを6種類に限定して製品作りをすることにした。厚さ35㎜のラミナ3枚合わせの合わ

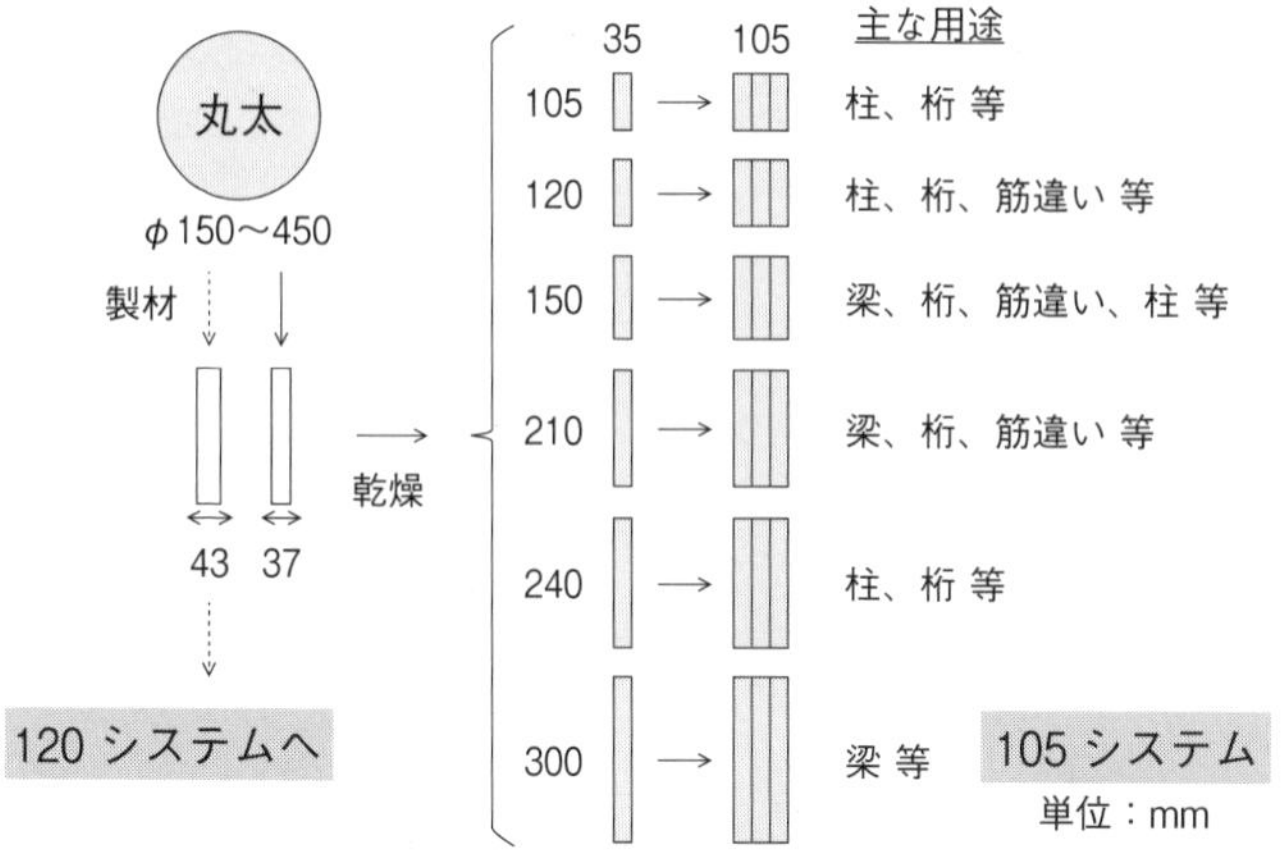

図10　軸組構法用スギ合わせ材の断面形状の種類と主な用途（幅105mm、厚板3層構成の場合）

図11　工場で製造した幅一定、せいの高さを6種類に規定したスギ合わせ材の写真

せ材の厚さ(幅というべきか)はどの製品も105㎜であるが、材せいは、例えば105㎜、120㎜、150㎜、180㎜、240㎜、300㎜の6種類に限定する。厚板のせいの高さ(幅というべきか)をこれらの長さに切断しておけばよい。上記の規定寸法以外の部材は当システムの中(この系の中)には存在しない。

図10に、この6種の規定された断面寸法部材の形状と柱・梁・桁・胴差・筋交等の構造用部材への使い分けの例を示す。また**図11**に工場で製造したスギ合わせ材の写真を示す。幅一定で、せいの高さは6種類に変えてある。この2つの図を見ると、合わせ材は断面が規格化されたディメンションランバーであるツーバイフォー材と同じであることが理解されるであろう。

このように、形状が規定された断面材を構造用軸材としてシステム的に用いることによって2×4工法におけるディメンションランバー使用システムの合理性を在来軸組構法に取り込むことができる。このことは厚板を縦使いする合わせ材を用いることによってのみ可能となるのである。梁桁材のような曲げ荷重を受ける部材では、大きな荷重がかかる場合はせいの高い部材を、小荷重の場合はせいの低い部材を選択する。このように、幅一定でせいの高さが異なる6種類の合わせ材を部材にかかる応力の大きさや劣化に関わる使用環境レベル等にしたがって使い分ける合理的な設計マニュアルを作ることができる。軸組構法の構造設計がマニュアル化されることは、軸組構法の曖昧さを払拭するとともに材料の積算を明快にし、他工法に対する従来の弱点をカバーすることになろう。まさにツーバイフォー材で組み立てる2×4工法と同じシステムを在来軸組構法において適用することが可能となる。このことは特に、在来軸組構法による中規模非住宅建築、中層建築から高層建築等への展開につながると考える。

なお、通常の積層型集成材では、せいの高さを規定された6種類の長さに変化させるには（JASではラミナの厚さは等厚であることを規定しているので）ラミナの厚さを調整しなければならない。このようにラミナの形状との関係が複雑になり、さらにラミナ構成により曲げ剛性が変化するので断面形状の規格化は難しい。

（3）厚板ラミナの接合面に沿って鋼板を挿入する――鋼板挿入合わせ材の製造

例えば、厚板ラミナ3枚を縦使いする3プライ合わせ材では、3枚のラミナ間の2つの接合面に鋼板を入れ込みビスで留めることによって容易く鋼板挿入合わせ材を作ることができる。通常の応力状態では、ラミナの接合面にせん断応力は発生しないのでビス留めで十分である。曲げ荷重を受ける梁桁材の中立軸より下の部分や引張筋かいなど引張応力が働く部分に薄い鋼板（厚さ2㎜程度）を入れ込み、鋼板の引張応力に対する高い抵抗性能をスギ合わせ材に付与することを目的とする。

ただ、木造建築の構造要素として鋼材を取り込むことの問題点も大きく、実験研究も十分でないので、ここでは深入りしないこととする。今後の研究成果に期待するところ大である。

合わせ材の特長と課題、問題点

前に述べた合わせ材の特長を列挙すると、①高度乾燥材であること、②機械等級区分された厚板で構成される強度等級表示材であること、③側面に接着層が現れないこと、④断面形状が規格化されたデイメンションランバーであり、構造用部材としての適用法が明確であること、等が挙げられる。

前記のような特長を有する合わせ材が今まで本格的に生産されなかったことは、合わせ材の生産と利用にいくつかの問題点があり、未だ解決に至っていない部分が存在することを示している。それらの事項を挙げてみる。

⑴厚板を製材する原木問題

ラミナになる幅広な厚板を製材する原木丸太には大径なものが欲しい。もっとも、ラミナの幅接ぎを行えば、より小径の丸太も使えるが、幅接ぎ部の接合強度を保証するシステムの導入が不可欠である。このことについては次項で触れる。いずれにせよ、大径丸太はコスト高であった。材の木口面で短辺方向にラミナの幅方向を一致させる通常の集成材の方がより小径な丸太が使え、歩留まりも高くなる。これに対して合わせ材はコスト高になってしまう。

ところが今、国産丸太の伐採量が減少する中、人工造林木は生長し、造林地は充実度を高めているので、原木市場に入る丸太の径は大きくなってきている。宮崎県森林組合連合会の調査データにも、入荷する丸太径の大径化が明確に表れている。むしろ現在では、大径丸太の需要拡大が強く望まれている状況にある。合わせ材生産は、大径丸太の需要拡大に貢献するものである。

⑵合わせ材は同一等級ラミナ構成でなければならない

現行ＪＡＳでは、２層、３層ラミナ構成の構造用集成材は、同一等級ラミナで構成することを規定している。確かに図8を見るとラミナを縦使いする合わせ材では、異等級構成の場合ラミナの配置や荷重の掛かり方によっては危険なねじれ変形を起こす恐れが出てくることが推測される。一方、同一等級ラミナ使用を規定することは、低質ラミナの使用を制限することにつながる。3層合わせ材にあっては、せめて中芯層に低質ラミナ（ヤング係数が低いことも含めて）を使いたいところであるが、このような製品はJAS規格外品になってしまう。

なお、4層ラミナ構成の合わせ材では異等級構成が認められている。この場合でも中央に対してラミナの等級が対称構成になるようにラミナを配置すべきである。通常は表裏2層に上級等級のラミナを配置し、中芯層にはより低等級にランクされるラミナを置いてバランスをとる。しかし、この場合には低質ラミナの有効利用とはなるが、合わせ材の剛性はその分だけ低下することを忘れてはならない。

(3)　全ラミナの強度等級区分が必須

スギラミナのヤング係数は平均値としては低位にあるものの、中には高位のものもある広い分布を示すことや、すでに述べたようにラミナを縦使いする合わせ材では、通常の集成材とは異なり積層による剛性向上が望めないことから、選別したヤング係数の高いラミナのみによる同一等級構成合わせ材を作る方向を取ることが良いかもしれない。今後、3層合わせ材の中芯ラミナに低質部分が使えるようJAS改定に向けて作業を進めることも考えていきたいものである。

いずれにせよ、上記の議論はラミナ製造ラインの最終工程に強度等級区分機（ストレスグレーディングマシン）を設置して、全ラミナの強度等級区分を行うことが必須であることを意味する。このことはツーバイフォー材が強度等級区分されていることに対応することである。強度等級区分によってより低位にランクされたラミナは、比較的低い応力が掛かる部分に使う合わせ材を構成するラミナとして使用する。

それ以外のランク外にある厚板は、階段材、フロアー材、デッキ材に、さらに非構造的用途である造作材、家具材、ＤＩＹ材等に回す。スギ厚板の広い用途全体を対象にして適材適所の使い方で、製材された全厚板を１００％使いきる。スギ厚板全体としてコスト競争力を発揮することが大切である。

(4) 合わせ材ではラミナの幅接ぎは全数検査が必要である

丸太からの歩留まり向上をはかるために、ラミナの幅接ぎを是非実現したい。すなわち、小径丸太から製材された厚板で幅が足りないものであってもヤング係数が上位にランクされる厚板は、構造用合わせ材の構成ラミナとして用いたい。ラミナの幅接ぎである。ところが、通常の積層型集成材とは異なり、ラミナを縦使いする合わせ材にあっては、曲げ荷重を受けたときにせん断応力が確実に幅接ぎ接合面に掛かってくる。

したがって合わせ材においては、幅接ぎ接合の接着力保持の保証が不可欠である。ラミナの幅接ぎ接合ラインの最終工程で、スパンの短い曲げ荷重が連続的にかかるプルーフローダーを通過させて、幅接ぎ部分にせん断力を加え、破壊の兆候の有無を全数調査し、全製品の安全性を確保しなければならない。なお、この幅接ぎラミナは接着層が側面から見えるので、通常は中芯層ラミナとして使用することになるであろう。

以上述べてきたように、合わせ材の普及には解決すべき課題がいくつか存在することは確かである。しかし、今後の国産材利用展開の切り札となると思われる合わせ材の製造と利用が進展しない理由としては、課題が存在するというそのことよりも、従来から行われている製材の仕組み、それを用いる在来軸組構法建設の仕組みから脱却して、新しい合理化されたシステムへの移行に対する抵抗感が大きく、また何かのきっかけが無ければ事は進まないことが大きな理由であろう。

今後、製造に関する基礎的実験、産業化のための幅広い実証事業の展開がさらに必要であることは確かであろう。そして実証事業の延長上に、スギ合わせ材を製材と軸組構法建築の中心に据えるシステムを実現する近道として、ある一つの大手木材企業が社内システムとしてこれを採用し、実績を上げることがあると思う。

従来行ってきたスギ合わせ材開発研究事業など

スギ合わせ材の生産と利用を、我が国の林業、木材産業、そして木造建築の中心に据えるという志を持って、宮崎県でスタートした開発研究は、スタート以来20年近くが経過したが、スギ合わせ材が実社会に受け入れられているとは言えない。確かに、合わせ材の研究開発をテーマにして林野庁補助事業等で試験研究を行ってきていることは事実である。

その中で、ナイス㈱の平田恒一郎社長が代表を務めた平成24・25年度林野庁補助事業「構造用集成材の高い性能と製材無垢材の美しさを併せ持つスギ合わせ材の開発、それを用いた軸組構法モデル住宅展示等による開発成果の普及活動に関する研究」は、ナイス株式会社、銘建工業株式会社、外山木材株式会社、有限会社サンケイ、宮崎県木材利用技術センター、住宅・木材技術センター、森林総合研究所、東大木質材料学教室の共同研究として進められ、私はアドバイサー、全体統轄役として参加したもので、かなり大きな事業であった。

この補助事業の成果として、合わせ材の製造と利用の産業化を実現するためのいくつかの重要な事項が得られた。これらの主要事項を以下に示す。

一つは標準的合わせ材の厚板積層数を3層から4層へ変更したことである。このことによって厚板構成の対称性をキープすることが可能となり、製品の反り、ねじれ、曲がり等の変形が劇的に減少することを実証できた。また、ＪＡＳによって4層合わせ材では厚板の異等級構成が認められており、低質ラミナの使用の道が開けてくる。さらに、厚板ラミナが若干薄くなることになり、乾燥性、多用途との共用性の向上という非常に重要な事項につながった。

せいの高い合わせ材は2次接着して対応するという考えは、構造材料としての合わせ材製造の産業化にとって重要な方向であると考える。なお、小梁その他の小断面材には、2層構成のスギ合わせ材が手軽な材料として広く使われるようになるであろう。東大の稲山正弘先生が構造設計をされた宮崎県木材利用技術センターの建物には、2枚合わせのスギ合わせ材が多用されている。

さらに、補助事業の成果物として「合わせ材製造マニュアル」と「合わせ材利用指針」を作成して公表した。これらのマニュアルや指針が世の中で幅広く利用される時代の到来を待ち望む。

さて、合わせ材は、もとより構造用集成材のJAS製品であるので、従前から市販されているものが存在する。その中で、数年前から我が国でもカタログが流れているL1 vista line (Mayr-Meinhof Kaufmann Group製造) の合わせ材がヨーロッパで躍進しているそうである。樹種はスプルース、2～4層構成の合わせ材である。詳細な強度データと製品寸法、表層仕上げ加工の程度がカタログに記載されている。ただ、製品用途は梁材に限定している。林業、木材産業、そして木造建築の中心に本製品を据えて世の中を大改革するという言葉は見当たらない。そこが我々の目指すところとの違いである。

一方、我が国では江間忠木材さんが「三枚梁」の名称で3層スギ合わせ材を大分以前から販売されている。カタログには、無垢の風合いと集成材の安定性、「三枚梁は3枚構成の製材品です」という言葉が躍っている。この製品の社会への浸透具合については情報がない。

小　括

スギ合わせ材という新材料を基盤にして、スギ材の生産・流通・製品製造・加工・建築への利用、という全システムを見直し、従来の木材利用の流れを再編・改革したい強い気持ちから本文を書かせていただいた。

基本は、スギ厚板生産と利用を我が国の林業と木材産業、そして木造建築の中心に据えることにある。その手段としてスギ厚板を縦使いして組み立てるスギ合わせ材が登場する。ただ、北米におけるツーバイフォー材と2×4工法、そして我が国におけるスギ厚板と軸組在来構法が私の頭の中で二重写しになっており、それらがスギ合わせ材によって結び付けられる構図がはっきりと見える。そして合わせ材の進展が従来の製材と在来軸組構法の仕組みに置き替わる可能性を秘めていることに私は気が付いている。

プロジェクトチームを組んで研究開発、実証事業を進めたいが、歳をとってしまった私にはすでにその力がないこと、研究組織に属さない年寄りには研究環境が得られないことを、最近、強く自覚させられた。この文章が企業の方、そして若い研究者の方々に何かヒントを与えることになれば嬉しく、それで十分である。

6節　超高層ビル構造へのＣＬＴの適用問題

平成24（２０１２）年から平成27（２０１５）年にかけて、東京都港区虎ノ門地区再開発の一環として大日本山林会、大日本農会、大日本水産会の三会が事務所として使用し、管理運営する三会堂ビルの建て替え事業が検討されていた。この件については「木材工業誌」（２０１７年2月号）の巻頭言で大日本山林会田中潔会長が現状報告をされているが、残念ながら東京オリンピック２０２０を控えての建築費の高騰によって実施設計、建設着工はオリンピック後へ延期されている。当時開かれていた「建て替え委員会」に私は平成26（２０１４）年度から外部委員として招かれ、議論に参加させていただいた。ここでは超高層ビル建設における木質材料、特にＣＬＴの適用問題について私の考えを述べる。なお、三会堂ビルには前記の農林水産業の総本山的三団体が入るほか、多数の農林水産関係団体が事務所を構えている。

建築計画の概要（当時）

昭和42（１９６７）年に建設された現ビル（三会堂ビル）は東京都港区再開発等促進区に位置し、建て替えの敷地条件として、計画容積率は９００％、商業地区、防火地域、周辺（特に南面）に緑化地域を広げる、など諸規制を受ける。また、北側道路は10ｍ道路に拡幅整備され、さらに囲まれる周辺道路から壁面後退８・０ｍが義務付けられ、敷地面積は減少する。このような条件の下、所定の建築面積を確保するために、建物は地上20（あるいは21）階、地下２階、最高高さ99・５（＋α）ｍのいわゆる超高層事務所ビルを計画している。なお、最高高さ60ｍ以上、15階建て以上を一般的に超高層ビルと呼ぶのだそうである。

構造的機能を果たしてこそ基本的素材

私が参加する前の「建て替え委員会」では、大日本山林会からの要望「ビル建て替えには、木材を多用して周辺他事務所ビルとの差別化を図り、今後の事務所レンタル事業を有利に進めたい」との考えで一致していたようである。

ここで、「木材を多用する」ということの内容が問題である。内外装や家具調度品に木質製品を出来るだけ活用するということでは、大方の賛同が得られていたが、構造材として木質部材を使用することには賛同が得られていなかったのは当然であろう。建物は基本的には鉄骨造（Ｓ造）の超高層事務所ビルになるが、床版・壁体など構造部材の一部に木質部材を組み込むためには、耐火性能、構造安全性能、遮音・断熱性能、施工工程等についての多くの実験と、法的手続きが必要であり、これらの問題をクリアーするためには時間と費用がかかり、委員会ではこの方向を取ることについては諦めムードが広がっていた。

私は委員会に参加して皆さんのお話を聞き、種々困難はあるが、Ｓ造超高層ビルに木材を本格的に適用する方策を考える絶好のチャンスが到来したものと理解した。しかもその計画に沿って実際に超高層ビルが建設されるのである（前述したように建物建設は２０２０年東京オリンピック以後に延期）。私はこのチャンスを最大限に生かしたく、委員会の説得に努めた。

超高層ビルの床スラブにＣＬＴを用いる

私は委員会で次の５点を強調した。

①農林水産業の総本山である本ビルこそ、我が国で初めて木材を鋼材やコンクリートと並ぶ基本的資材、すなわち構造的用途に供する資材として超高層ビル建設に適用する一番手となるべきである。先達になることは三会堂ビルの役割である。

②確かに、木材の良さを視覚・臭覚・接触感により確認できる内外装・家具調度品等への利用は極めて重要で、今回も可能な限り実現したい。ただ、それだけでは既に存在するビル、例えば新木場の木材会館ビルを越えられない。構造に関わる機能を果たす基本的資材としての木材利用をこの場所で、今実現しなければ意味がない。

③資源の持続性と地球環境保全性の面から木質を多用する当ビル建設の意義は大きく、社会に極めて大きな影響を与えよう。本ビルは大量の炭素ストック体となり、部材の製造・加工、建築施工時の

省エネルギー性も高く、CO_2放出量も大幅ダウンする。環境保全は時代の流れで、グリーン志向の高まる社会へのアピール性は大きい。

④超高層ビル建設において、コンクリート床スラブに替えて木材、ここではCLT板を用いれば建物の重量は大幅に減量され、基礎構造を小さくすることが出来る。またコンクリート打設工事、その硬化待機時間が不要となり工期短縮に繋がる。これらの事項は大幅な建設費低減を可能にする。

⑤国産材利用の拡大が望まれる中、その代表選手であるCLTの利用拡大が今一つ伸びないのが現状である。超高層ビルの床スラブにCLTが通常仕様として用いられるようになれば、その需要は大きく伸びるであろう。国産材需要の拡大に大いに貢献するであろう。

以上のような意見を大分激しく述べたのであろうか、前出の「木材工業誌」巻頭言で山林会田中会長は、「大熊先生は、我々が考える以上に過激であった」と書かれている。その後の会合に、援軍として福岡大学稲田達夫教授にお出でいただき建築専門家としてのお話を伺った。また、林野側から全木連専務理事の島田泰助氏にも熱くご協力をいただいた。その結果「建て替え委員会」、その上部組織である「三会堂奨励会」の中で、新三会堂ビル建設において、床構造・壁体構造にCLTを使う方向で耐火実験、構造実験、遮音・断熱実験実施、法的手続き、大臣認定の準備を進めることが了承されていたように思う。しかし、この事項は着工が2020年の東京オリンピック後に延期されてしまい、私も委員会から離れたので定かではない。今後の展開に期待するところ大である。

7節　地球環境保全と木材利用推進の整合性

Ｉ章8節で、環境問題が専門ではない私が、なぜ地球環境保全と木材利用の整合性問題に取組むようになったのか、その経緯を述べた。ここでは、私が進めた本研究の概要を示す。すなわち、森林造成と木材利用の推進が、資源の持続性と環境保全の両面から人類の持続的発展に有効であることを一つのモデルを設定して明らかにする。地球環境の劣化、化石資源、鉱物資源の枯渇が進行する中で、森林の環境保全性、森林の育成と木材利用をつなぐサークルの持続性、木材利用の省エネルギー性、高いリサイクル性を最大限に生かす社会システムを構築することによって、21世紀における人類の持続的発展が可能になることを示す。

木材の生産と利用過程における炭素ストックの変化

木材生産（森林造成、樹木の育成、樹木の生長）と木材利用は、大気中のCO_2の吸収・固定、炭素の貯蔵、（CO_2の）大気中への放出という流れで捉えることができる。一つのモデルとして1haのスギ造林地で生育するスギ材の生長と利用について考察する。すなわち、植林50年後にこの林地で生長した

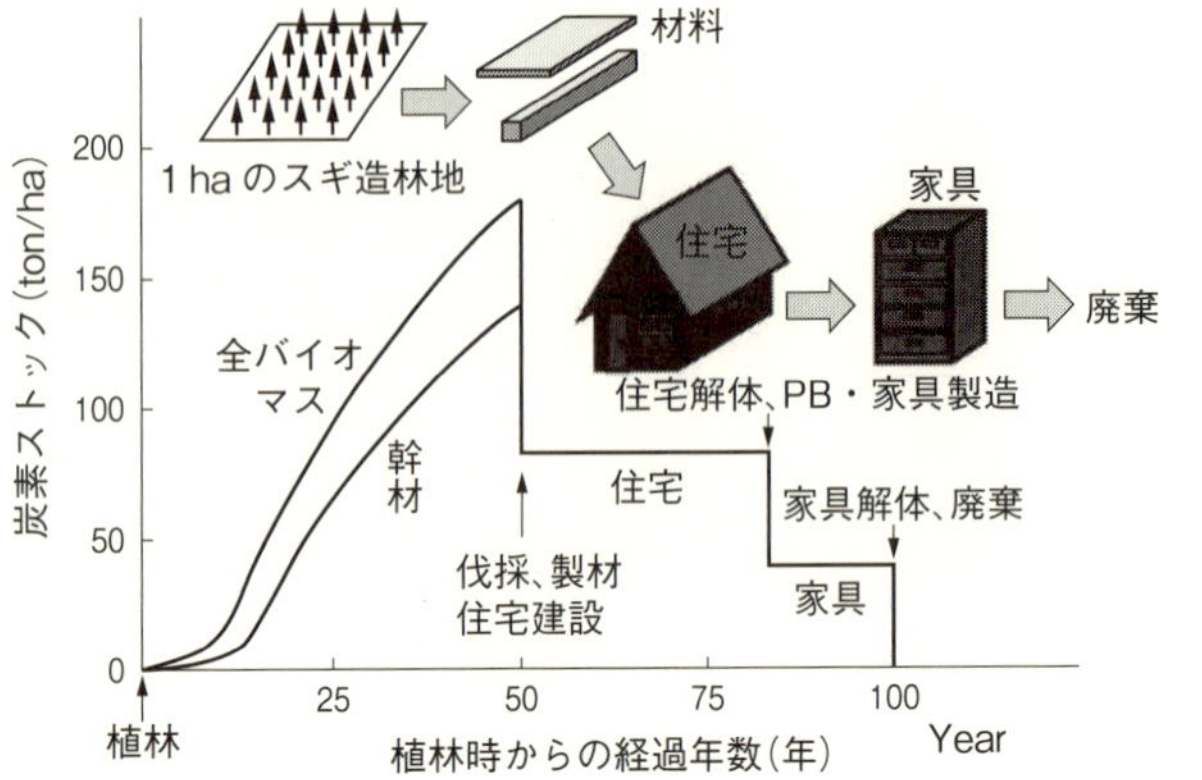

図12　植林時からの経過年数による系全体の炭素ストック量の変化

樹木を伐採し、丸太を製材品に加工して柱や梁を作る。これらの材料を部材として住宅を建設する。この住宅を33年間居住に供したのち解体するが、柱や梁材の一部はチップ化されてパーティクルボードに加工され、これは家具部材として用いられる。この家具は17年間使用され、最後に解体廃棄される、というストーリーである。このモデルについて、この系全体の炭素ストック量を縦軸に取り、植林時からの時間経過を横軸に取ると**図12**が描ける。

この図について説明する。1haの林地に植林されたスギ苗木は、大気中から取り込んだCO_2をその生命力で体内に炭素として固定し、年数の経過とともにその貯蔵量を増加させて行く。樹木の生長である。時間経過とともに成長速度が落ちてくるのは生物体の特徴である。なお、この曲線は北関東の地位2等級の林地のスギ成長に関するデータを基にして描いた。植林50年後にこの林地は皆伐されるが、生産された全バイオマスが利用されるわけではなく、幹材のみが丸太になり木材工業の原木になる。

玉切りされた丸太は工場へ運ばれ柱、梁などに加工され、住宅施工に用いられる。この時幹材から住宅構成材への歩留まりを60％とした(少し高すぎるか)。

図において植林から50年経過時に、炭素ストック量がガクンと落ちるのは、住宅構成材にならなかった樹木中の炭素が廃棄または燃焼されて大気中に放出されるからである。

さて、この住宅は33年間居住に供されるが、この間、住宅の中に貯蔵された炭素は、図に見るように減少しないものとした。33年後住宅は解体されるが、解体材の60％が工場でチップ化され、パーティクルボードに加工される。チップからボードへの歩留まりを80％とした。パーティクルボードは家具に加工され、この家具は17年間使用されたのち、解体廃棄される。この時点でスギ材に蓄えられた炭素ストックはすべてCO_2となって大気中に放出され、ゼロとなる。

図12は以上の状況を、すべて炭素ストック量に換算して植林時からの経年変化として表したものである。すなわち1haの林地に植林されたスギ材の一生を炭素ストックの量の変化で表した100年のヒストリーである。この図において、植林から50年は林業生産(森林造成、樹木の育成)を表し、後半の伐採から廃棄までの50年が木材利用の状況を示している。木材の生産と利用、林学と林産学を結びつける興味深いモデル図である。林業と林産業、林学と林産学が1枚の図の中で連続した存在として描かれることは重要な事項である。

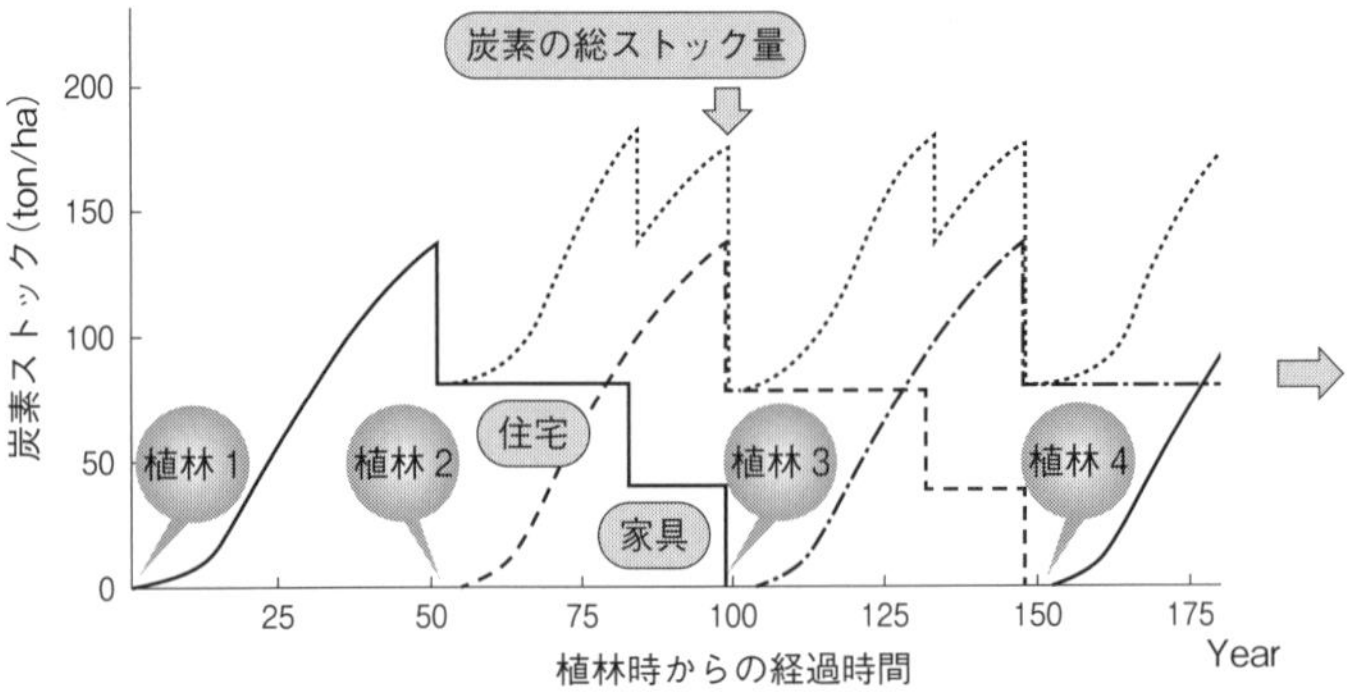

図13　木材の生産(育成)と利用の持続性

森林育成と木材利用の持続性、街の中に第2の森林があること

植林木の伐採跡地(別の新しい林地でもかまわない)に新たな植林を行えば、そこで再び樹木の生長が始まる。もちろん適切な育林作業が施されるという条件が満たされなければならない。この様子を図12と同じ座標軸を持つ図上に重ねて描くと、炭素ストックの変化について同じ図が右方へ限りなく繰り返して描かれる。これを図13に示す。

この図は木材の育成と利用の持続性を示すもので、この図が描けることは生物資源である木材の大きな特徴である。石油や鉄鉱石についてはこのような持続性を表すグラフは描けない。使えばなくなる資源であるから当然である。この図において、森林で生長を続ける樹木中に存在する炭素量と、(前世代の造林地から)伐採した木材で施工した住宅、さらには住宅解体材から作った解体チップで製造したパーティクルボードを用いて作る家具、これらに蓄えられている炭素ストックの総和が図

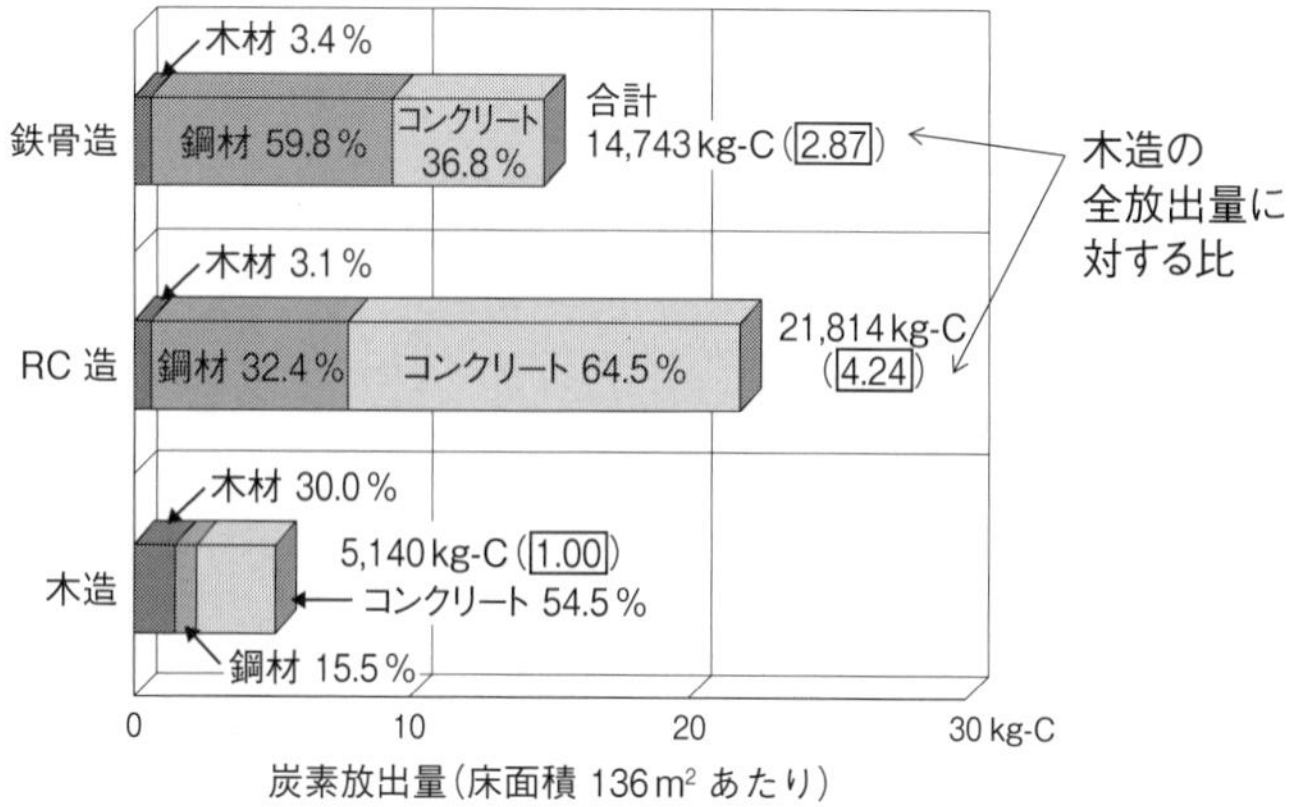

図 14　住宅一棟（136㎡）を構成する主要材料の製造時炭素放出量の構法別比較
（　）内は木造の全炭素放出量に対する各構法の比較。

中に点線で示されている。この木材の生産と利用システムが全地球的に膨大な炭素ストックを持続的に維持していることが分かる。ちなみに、我が国の全住宅に使用されている木材が蓄えている炭素の総量は1・4億トンに及び、これは日本の森林が蓄えている総炭素量の約18％に相当すると試算される。街の中に第2の森林があると言ってよいであろう。

木材は製造・加工・廃棄過程でのエネルギー消費量が極めて少ない

一定量の木材製品を製造する際に要するエネルギー量を測定し、CO_2放出量に換算し他工業材料のそれと比較したところ、他工業材料に比べて格段に木材製品が低いことが認められた。このエネルギー消費原単位を用いて、木造住宅、RC造マンション住宅、鉄骨プレハブ住宅1戸分（いずれも同一の床面積136㎡）を施工するに要する主要3材料（木材・鋼材・コンクリート）の製造時炭素

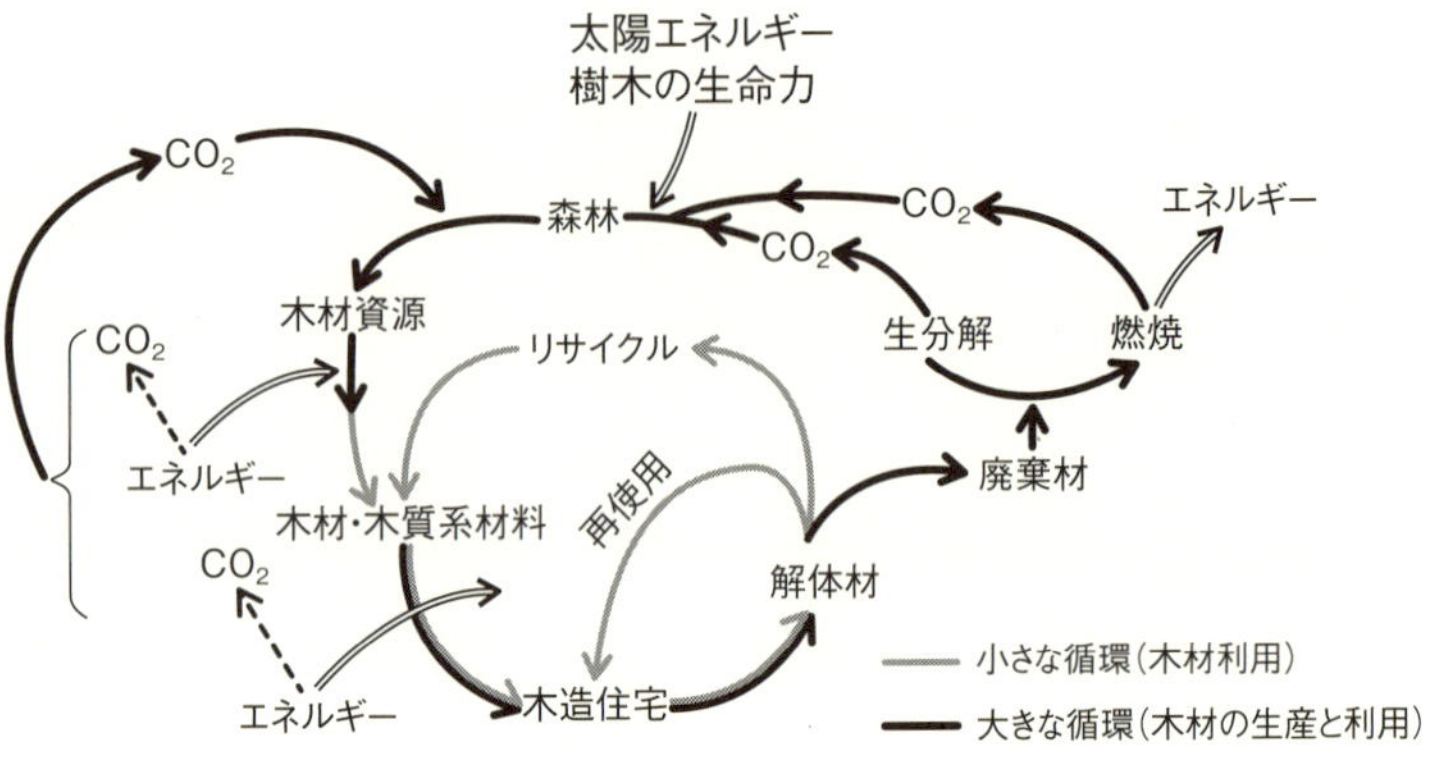

図15　木材の生産（樹木の生長）と利用の循環図

放出量の総量を積算して比較した。これを図14に示す。

この図を見ると、炭素放出量は木造住宅ではRC造の4分の1、鉄骨造の3分の1で極めて少ないことが分かる。地球温暖化防止のために木造住宅建設に努めねばならない数値的根拠が示めせた。住宅の解体、廃棄時のエネルギー消費量、それに伴う炭素放出量を考慮すれば、その差はさらに拡大することは明らかである。

森林育成と木材利用が形成する大きな循環、小さな循環

ここまで、森林の育成とそこから得られる木材の利用をCO_2の吸収・固定・貯蔵・放出という各過程の連続した流れとして捉え、考察してきた。さて、この放出されるCO_2が再び森林に吸収されて樹木が生長して行くと考えれば、よく見る循環図が描ける。その一例を図15に示す。この図に見るように、生物資源である木材の生産と利用は、一つのサークル、すなわち、理想的な循環系を作っている。これを大きな循環と称し、図15では太い矢印線で示してい

る。

この循環図の中には、解体材のリサイクル・リユースというサブルートが含まれており、それ自体で小さな循環を形成している。図ではこれをグレーの矢印線で示している。さて、鉄やプラスティックでは、リサイクルに関わる小さな循環は描けるが、木材におけるような資源の持続的生産で完成する大きな循環サイクル図は描けない。これらの資源は生命力を持たないから資源の再生産が行えず、廃棄材と資源が繋がらないためである。ここに生物資源である木材と化石資源・鉱物資源との間に、資源の持続性、再生産の面で決定的な違いが存在する。

さらに、森林において樹木が生長する過程では、樹木は集合体として生態系を形成し、環境保全機能を果たしていることは当然である。木材資源の生産は環境保全対策そのものである。要するに、良好に管理された人工林を中心とする木材の生産とそれを資源として利用するシステムは、大気中のCO_2を吸収・固定し、地球温暖化を防ぐとともに広範囲に地球環境を保全しながら生活に必要な資材を確保することを可能にする持続性のあるシステムであることが分かる。21世紀の人類生存を支える資源確保、資源利用の基本的仕組みであることを確信する。

ここに、木材の生産（すなわち森林造成）と木材利用のシステムを人類生存の基盤と位置付けたい。森林造成と木材利用を社会の基盤に据えなければ人類の明日はない。

8節　森林認証と材質評価

我が国の森林認証制度ＳＧＥＣ(Sustainable Green Ecosystem Council)は、持続可能な森林経営の普及、定着と資源循環型社会の実現を目指して平成15(２００３)年に創設され、本年15年目を迎えている。この間、多くの実績を上げてきたが、昨年ヨーロッパを中心に展開するＰＥＦＣ(Programme for the Endorsement Certification Schemes)と相互認証制を取り交わし、今後の体制を整えたように思える。私は長い間この制度の監査委員を務め、現在もこの制度を運営する「緑の循環認証会議」の評議委員であるが、ここでは木材利用の立場からこのＳＧＥＣシステムに一つの注文を付けさせていただきたい。

森林認証とＪＡＳ

さて、森林管理者に対する森林認証制度(ＦＭ：Forest Management)と林産物の製造・加工・流通を担当する事業者に対する分別表示制度(ＣｏＣ：Chain of Custody)の2つで構成されている本ＳＧＥＣ認証制度の基本は、あくまでもその木材が持続的に管理された森林からの産物であることの認証であり、消費者が本来的に要請する良い木材製品、良い木造住宅供給を保証する認証制度にはなっていない。

すなわち、ＳＧＥＣマークは、その製品の原料となった木材が持続的に管理された森林から産出され、加工・流通の過程でも他の木材(持続的に管理されていることが未だ認証されていない森林から産出された木材)と混じり合わないよう分別して処理されていることを保証するものであり、製品の品質に何ら関わるものではない。そして製品・部材の品質は、ＪＡＳマークや地域材(県産材)認証で保証されている(保証されるべきである)、との考えは正当である。しかし、ＳＧＥＣ森林認証制度の信頼性を向上せしめ、これを全国規模で通用する森林から木造住宅までを結ぶネットワークを統括するシステムにもって行くには、何らかの方策で品質性能に関わる約束事をＳＧＥＣの基本則「緑の循環、７つの基準」の中に包含させねばならないと考える。

ＳＧＥＣマークとＪＡＳや地域材認証マーク等をベタベタ並べて貼り付けるのは、いかにも能がないし、費用がかさむ無駄なやり方である。なお、ＪＡＳ格付け製材品の割合が依然として極めて低いこと、地域材や県産材認証が対象とする木材がその地域内の諸事に制限されてしまうこと、など相手側の問題も多い。コストの増大、責任問題の発生など困難は大きなものがあるが、ＳＧＥＣ制度内で解決できないであろうか。ＪＡＳや地域材認証と「連携」を取ることが謳われているが、現状では連携の内容が曖昧で不明確である。また、相手側の了解が得られるか、どのような条件が付加されるか、不透明である。

木材利用サイドでは、良い製品作り、良い住宅造りは最優先課題であり、そのためには品質性能の優れた木材部材を用意しなければならない。したがって、SGEC認証森林から基準を守って産出された原木を、CoC認定を受けた事業体がガイドラインに沿って分別・表示して運び、これを原料として製材・加工した木材製品（例えば製材品）をもって最終製品（例えば木造住宅や木製家具）を組み立て販売する事業者は、森林認証材であっても適格な品質を保持しない材料は選り分けて破棄したはずである。すなわち、現状では部材の品質の維持は、事業者の自主的判別、社内規格等による選別によって実施されていると推定する。

このように、SGEC認証は消費者が望む良い製品作りに貢献していないように見えるが、グリーン意識を高揚させている消費者は、SGECマークによって良い製品であると（SGECマークは製品の性能、品質を保証するものではないにもかかわらず）錯覚して、その製品を購入する意欲をかき立てる、というのが実情ではなかろうか。結果としてSGEC認証は商品販売拡大に貢献しているのである。この場合、事業者が見学会等を開くなど日頃の努力を積み重ね消費者の信頼を勝ち得ているという背景がある。すなわち、商品の品質性能に関与しないというSGEC認証の不備は、消費者と直接接触するCoC事業体の努力によって繕われているのが現状であろう。もっともこのことによって認証コストの上昇が抑えられていることも事実であり、このことを事業体の方で十分に認識しているものと考える。

しかし、今後、SGEC認証の信頼性を高め、さらなる展開を考えるとき、現状のまま放置することは許されない。「緑の循環認証会議」の責任において的確な処置、すなわち、システムの見直しに急ぎ取組まなければならない。ここに品質基準を定めるＪＡＳとの連携の必要性が出てくるのであるが、連携の内容、その方法が未だ明確に描けない状況にある。関係者の知恵の出し合いに期待するところである。

9節　地球環境時代に気になる言葉、気になる事柄

ここまで、私が取組んできた木材の科学に関する8つの課題についてその概略を述べてきた。それを記述する視点は、学術研究からややずらして各課題の社会との繋がり、各課題への私の思い入れに焦点を合わせた。そこでⅡ章9節においては、私が日常生活において出くわす何だか引っかかる、気になる言葉、出くわすたびに変だな、少し違うなと思う事柄をいくつか挙げてその理由を述べてみたい。

もっとも、そのような思いを抱くのは、私の考え違い、勉強不足、偏屈な性格による可能性も高いのだが、ここではそのような言葉や事柄を敢えて取り上げ、僭越であるが私の個人的考えを述べさせていただく。私の性格、考えの基本をご理解いただけるかもしれない。

(1) 森林整備と木材利用

少し前、京都議定書が出され、温室効果ガス放出削減問題がにぎやかに議論されていた時代の話である。CO_2放出削減を実現するには、日本では間伐など森林整備を進めてCO_2吸収源として認め

られる森林を増加せしめる他ないとされ、このため京都議定書で定める第1約束期間は、まさに森林整備の時代であった。このことについて「主伐した木材の売却と利用を目的とする林業の本体をゆがめ、林業をして森林整備を目的とする土木型公共事業に落とし込んでしまった」と、東大の鈴木雅一教授（当時）は述べておられた。私もまったく同意見を持ち、このような森林政策が続けば、持続的に良質な木材が供給され、木材利用が高度に進展して利益が山に帰る「林業が業として成り立つ時代」の再現は期待できない、と強く思ったものである。

どうも森林の環境保全が先にあって、木材と木材利用は二の次に扱われているように思えた。当時、林野庁の方のご挨拶は「森林整備を進めるには木材（間伐材）を使わねばならない。したがって木材利用の推進に努めてほしい」という流れであった。消費者が手にするのは住宅・家具であり、木材である。これからは消費者の生活に密着して木材から森林に攻め上がる流れで、林野行政を展開して欲しい。森林認証についてもそうあって欲しい、これが私の本心である。現在では大分風が変わってきてよい方向に向かっていると思う。少し前、当時の内閣官房副長官山崎氏は、「木材が使われて林業の採算が合うようになれば、森林整備も進むはずである」と述べられていた。

(2) 森林・木材に関わる認証制度の統廃合を

私は、最近ＰＥＦＣと相互認証を交わした日本型森林認証（ＳＧＥＣ）の評議委員と全木連の違法伐採対策協議会委員長を長い間務めていたが、ＳＧＥＣの分別表示事業体認定と後者に於ける合法木材

(Goho-Wood)の事業体認証がどちらも認証の連鎖(CoC：Chain of Custody)によるものでまったく同じであることを認識していた。複数の同じ認証制度の存在は、まさに人とお金の無駄使いである。事業体をして、どちらに加わるか、どちらにも参加しなければならないのか、と惑わすだけである。何とか統合を図りたいと考えるが、極めて困難な状況にあるそうである。行政の担当部署が違うことが原因の一つであるようである。国際的森林認証制度であるFSC(Forest Stewardship Council)、PEFCそしてSGEC、さらには各県の県産材認証制度なども内容を整理統合したい。この点から今回、SGECがPEFCと相互認証を取り交わしたことは大変好ましいことと思う。

(3) 環境にやさしい

自分で使うのに躊躇する言葉に、環境に「優しい」という言葉使いがある。その科学的に意味するところは環境への「負荷が少ない(小さい)」ということであろうが、それに加えて環境への思いやり、環境を大切にするという気持ち、心の動きが含まれているようである。しかし、私には「優しい」という言葉に逆に(大人が子どもに、強いものが弱いものに対して)情けをかける、かわいがってあげる、という上から下を見る心持ちがイメージされてしまう。

環境や自然は大きく、絶対的なものであるが、人間は多少なりとも環境を痛めつけなければ生活して行けないものであるから、その怒りに触れないよう注意深くこれに対応しなければならない。環境に与える負荷を少なくし、畏敬の念を持って環境に対処する気持ちを的確に表す言葉は無いであろうか。

(4) ゼロエミッションとエコマテリアル

製造過程で生ずる廃棄物をカスケード的に再資源化、再利用してこれをゼロにすることが強く望まれていることは事実である。しかし、廃棄物をリユース・リサイクル利用するためには、エネルギーの投入と副資材、さらには新たな設備が必要である。エネルギーの投入、副資材の準備、装置の設置を行えば、この系の内外でCO_2の発生という新たなエミッションを発生せしめることになる。

最も大切なことは、廃棄物をそのまま廃棄する場合と、それを原料としてもの作りをするときの環境へ与える負荷の程度を詳細に比較すること、新たに製造されるものの価値を正しく評価することで、これらの事項をＬＣＡ的に総合して廃棄物再利用の程度を決定すべきであろう。すなわち、「ゼロエミッション」ということはあり得ず、エミッションの最小化、いやエミッションの最適化を目指すべきではなかろうか。現状はゼロエミッションそのものが目的になっているように見える。

エコマテリアル認証制度は、㈶日本環境協会が実施しているもので、この制度では、木材製品については廃材の再生品、再生パルプ製品、間伐材、小径材を用いた製品が主な対象品になっている。ここに問題が無かろうか。例えば、確かＭＤＦが認証製品になっていると思うが、ＭＤＦが間伐材、小径材を原料として製造されることは事実であるが、製材品、合板などの他木材製品に比べて、はるかに多くのエネルギーが製造工程で消費され、極めて複雑で高額な製造装置が必要である。これらの点からＬＣＡ的に分析するとＭＤＦはエコマテリアルとは言えないと思う。

最も大きな問題は、エコマテリアル、そしてゼロエミッションという言葉が、製品販売のPRのために使用されているところにあると考える。今、エコマテリアル、そしてゼロエミッションに対する社会の関心が高まる中で、本当の環境保全とは何か、このことに対して我々は何をなすべきか、そして何を評価の指標とすべきか、正しい判断が必要である。

(5) 木の文化

「文化」という言葉は、耳に心地よく響くようである。一方で、曖昧で具体性が無いので、その格好の良さと相まっていろいろな場面で気軽に使われている。木材利用を促進する目的で、シンポジウムのテーマや木材に関する著作の中に「木の文化」なる表現がしばしば使われる。私は以前からこの「木の文化」という表現を使うことに若干の抵抗感を持ってきた。「文化」の意味するところがよく分からず、どうもこの言葉が苦手なのである。いや「木の文化」に対して不安感、危険な雰囲気を感じるのである。

歴史的な木造建築物、伝統工法の優れた技術を見ると、「文化」の意味がよく分からない私でもそこに我が国伝来の「木の文化」の存在を感ずる。確かに建築学の中で五重塔や桂離宮、そして伝統的な和風建築物、伝統工法を研究対象として設定することは、建築史の面から、さらには歴史的な古い建物の修復・復元技術の解明、そして伝統工法に技術を学ぶという点から極めて重要なことであろう。そこには、技術の追求ばかりではなく、「木の文化」との対話を楽しみ、精神の高揚を得る、という幸せがあり、そのこと自体を研究成果にすることができる。

しかし、我々の木材利用の分野では事情はやや異なるのではないかと考える。我々は建築学に取組んでいるのではなく、木材資源、国産材の有効利用を推進して国土を守り、国民生活の向上に資することを目的にして木造建築物の技術開発に努めているのである。したがって、我々の研究対象は主として合理的で、コストパフォーマンスに優れた木造建築、庶民の住宅であろう。もちろん民家や伝統工法の住宅が研究対象となることは十分にあるが、あくまでも古い技術を学び、それを新しい庶民の住宅工法に生かすことが目的であり、そこでは「木の文化」との対話を楽しむことが目的そのものにはならないはずである。

木材利用を文化論的に展開して行くと、そこには製造工程、利用工程の合理化、生産性の向上、低コスト化、技術の向上、エンジニアリング化、という一般工業生産の目的からはずれて、別次元の世界に引き込まれてしまう。ここに「木の文化」のお話に不安を感じるのである。従前のように、木材が2次的な資源であり続けるのならそれでもよかろう。しかし、私は、木材は持続可能な生物資源として21世紀を支える基盤的材料になる宿命におかれていると思う。この場合、「木の文化」、「木材の美しさ」などという綺麗ごとでは済まされない、もっと必死な、人類生存の基本となる取り扱いが必要であると考えるのである。

私は、木材を大工・棟梁の鍛え上げられた腕に頼らなければ適切な加工・施工ができないような材料に留め置くこと、また木材を「木の文化論」の中で扱う特殊な材料と決めつけてしまうことには疑問を抱いている。木材がそのような材料であるなら、木材は極めて限られた特殊な利用に留まり、技術の展開も、木材研究の遂行も、生産性の向上・低コスト化への努力もほとんど不要となってしまう。環境の時代を迎えた今、再生可能な木材は生活を支える極めて重要な材料となり、木材にティンバーエンジニアリングを適用して住宅部材としての利用を拡大することが我々に課せられた責務であると思っている。

⑹プレカットラインは高すぎないか

プレカット全盛時代に、私は敢えて勇気をもってこのように主張したい。

住宅構造において部材同士の接合をどのように処理するかは、強度と施工性の面で極めて重要な事項である。プレカット加工による仕口・継手接合、いわゆる伝統的なはめ込み式の木材の接合法は、施工時の位置決めと仮組法としての意味は大きいが、金具を併用しなければ構造安全性が確保できないことは明白である。力学的にピン接合状態も確保出来ていない。通柱に胴差が集まってくる箇所など、行灯のような断面欠損は危険である。

従来のはめ込み式接合が、単に施工時の位置決め、仮組法としての意味しか持たず力学的に意味のないものであるなら、このような接合部を加工するために、高価なプレカットラインを導入しているのはまさに無駄である。高価なプレカットラインを、部材組手形状が強度発揮を目的としない、仮組・位置決めのみを目的とするように単純化され、部材の定尺切断、定位置に金具を挿入する溝切り、ボルトやドリフトピン、ダボ打ち込みのための定位置孔開け、等の装置で構成されるより廉価な加工方式に替えられないであろうか。木材の組手加工が単純化されるのでコンピュータ制御、加工装置ははるかに廉価に抑えられるであろう。

(7) 耐震性の向上は住み心地の良さを犠牲にしていないか

住宅を始め木造建築では、耐震性能、耐風性能を確保するために建物内に所定量の耐力壁をバランス良く配置しなければならない。この耐力壁を構成するには、通常、軸組に①構造用合板などのシージング材を張り込むか、②筋交いを打ち付けるか、いずれかの方法が取られている。①、②の方法とも水平力(せん断力)に対して有効に働く壁体が形成されるが、その壁面は閉めきり状態に閉ざされてしまう。

古来、我が国の住宅様式は、湿度が高い夏をしのぐために、また明るく開放感のある居住空間を得るために、外壁、特に南面に開口部を大きく取るものであった。吉田兼好も徒然草に「住まいは夏を旨とすべし」と書いておられる。しかし、現状は建物の構造安全性と引き替えに、開放性や自由な間取りを犠牲にせざるを得ない。この2つの事項を両立させる工法の開発が望まれるが、それは柱と横架材接合部の強度と剛性を格段に高めたラーメン構造を実現するものになるものと考える。

話は変わるが、布基礎が住宅の構造安全性を高めていることは確かであるが、布基礎が床下の換気を阻み、土台や柱脚部、特に水回り部の床下構造の腐朽・シロアリの害を大きくしていることは事実である。特に、木材防腐処理が環境に大きな負荷を与えることからも、昔の独立基礎、石端立て、高床構造を見直すことも必要であろう。

命に係わる構造安全性の確保が最優先事項であることは確かであるが、住み心地の良さとの両立を求めて技術開発の推進こそ求められるものであろう。

(8) 在来軸組構法の生き残りをかけて

さて、合板張り耐力壁で囲まれる在来軸組構法住宅が2×4工法に接近し、その独自性が失われてきている、と東大松村秀一先生は講演の中でお話しされていた。まさに今、在来軸組構法は生き残る方向を探り出さねばならない状況にあると思う。その一つの方向としてⅡ章6節でスギ合わせ材による製材と在来軸組構法の合理化について記述した。

私は在来軸組構法住宅の生き残る道は、細い真っ直ぐな木の柱が林立する美しい空間、大きな開口が自由に取れ、そこから戸外の光と光景がいっぱいに室内に入り込む住み心地の良さ、自由な間取り設計と増改築の容易さ、等を生かす技術を開発し、実現することにあるものと考える。その基本は、一つは上に述べた軸組材として合わせ材を採用して部材の規格化、共通化を図ることであり、もう一つは部材接合部の強度と剛性がキープできて、柱と柱の間に大開口を作ることのできる(半)剛節接合部を実現する金具接合技術の開発とそれを認める法制上の改革にあると思う。若い人々による発想を新たにした技術開発と行政への働きかけに期待するところ大である。

住宅が建たないという厳しい情勢の中、木造建築について十分な知識を持たないものがとんでもないことを述べているのかもしれない。ご意見を頂戴できれば幸いである。

おわりに

木材の科学者を増やしたい、木材を使って地球環境を守りながら持続的社会を実現したいとの思いで本書を執筆した。Ⅰ章では私の木材研究者物語を記して若い人たちを木材研究者へ誘う文章とし、Ⅱ章では私の60年間にわたる木材研究者としての仕事の内容を純粋な学術的視点から若干ずらせて、その時々の思いを込めて書き込んだ。

化石資源、鉱物資源の枯渇が進み、地球環境の劣化が加速度的に広がってくる中、持続可能で環境共生型資源である木材の育成と利用が今後、大きく進展する可能性を秘めていることは疑いのないことであろう。木材の育成とその利用を基盤とする社会の実現に向けての多くの仕事に、若い木材研究者が大挙して取組むことを願っている。

今、木材利用の展開に追い風が吹いて来ているとも言われているが、未だそれは噴流のような流れを形成する域には至っていない。木材の育成とその利用を基盤とする社会の実現には、発想を新たにしてスギ材利用に関する新技術開発研究を推進するとともに、我が国における木材利用の仕組みを根本的に見直し、これを再編することが必要であると考える。その方向を論じたⅡ章、特に6節に示した合わせ材の展開による製材と在来軸組構法の合理化に注目願いたい。

本書は木材を学ぶ学生諸君や、木材を教える先生方の副読本として書いたものであるが、一般の方にも読んでいただき木材の世界を垣間見ていただければ幸いである。

本書執筆を促すサジェッションをいただいた日本合板工業組合連合会 井上篤博会長、森林総合研究所でご一緒した川喜多進 現日合連専務理事・事務局長、出版をお引き受けいただいた海青社 宮内久社長に深甚から感謝する次第である。皆様のお申し出がなければ本書の出版は実現できなかったであろう。なお、私の苦手な電子ファイルの操作を引き受けていただいた東京大学生物材料科学研究科恒次祐子准教授には大変お世話になった。有難うございました。

本書の内容について、ご質問、ご意見があれば是非メールでお送りください。

平成30年9月

大熊 幹章（mokuma@gaea.ocn.ne.jp）

●著者紹介

大熊 幹章（オオクマ モトアキ）

略歴：

1936年8月 東京浅草生まれ、82歳

1960年3月 東京大学農学部林産学科卒業、同年4月日本ハードボード工業（株）（現・ニチハ）入社、同年9月退社、東京大学農学部助手

1971年9月 CSIRO建築研究所（オーストラリア、メルボルン）客員研究員

1972年7月 東京大学農学部助教授、オーストラリアから帰国

1986年6月 東京大学農学部教授木質材料学講座担当

1997年3月 東京大学定年退職、東京大学名誉教授、同年4月九州大学教授木材理学講座担当

2000年3月 九州大学定年退職、同年5月宮崎県林務部顧問、木材加工研究所開設準備室

2001年4月 宮崎県木材利用技術センター所長（初代）

2003年3月 同所退職、同年7月（財）日本住宅・木材技術センター特別研究員

2005年3月 同所退職、同年4月（独）森林総合研究所理事長

2007年3月 同所退職、同年5月（財）日本住宅・木材技術センター客員研究員

2009年6月 同所退職、同年1月日本農学会会長

2014年1月 同会長任期終了、現在に至る

Moving toward the New Era of Wood

木材《もくざい》時代《じだい》の到来《とうらい》に向《む》けて

発 行 日――――2018年11月1日 初版第1刷

定　 価――――カバーに表示してあります

著　 者――――大 熊 幹 章

発 行 者――――宮 内 　久

海青社 Kaiseisha Press

〒520-0112 大津市日吉台2丁目16-4

Tel. (077) 577-2677 Fax (077) 577-2688

http://www.kaiseisha-press.ne.jp

郵便振替 01090-1-17991

● ISBN978-4-86099-342-9 C0060 ● Printed in Japan

● 乱丁落丁はお取り替えいたします